理直气壮爱自己 上

陈海贤 著

孟令戈
赖穗娴 编绘

NEWSTAR PRESS
新星出版社

序　言
《了不起的我》和了不起的你

  人生总有一些重要的节点，会决定它发展和变化的进程。对于我来说，《了不起的我》出版，绝对是其中一件。在这本书出版之前，我只出过一本不太畅销的心理书，还算不上名正言顺的心理学作家；得到也没有全流程地出版过一本自己的图书，还没有正式的图书业务。我们在各自的行业里都有了很多积累，但出版这本书的时候，我们都是新手，大家多少都有点惴惴不安。就像一个少年即将踏上未知的世界，开始自己的征程。

  后来我才知道，将牛未牛，这正是人最有力量的时候。

  一本好书从书名开始。当得到的 CEO 脱不花老师最终提出了书名《了不起的我》时，大家都很激动，只有我有点不安地想："会不会让人觉得作者太自恋，以为自己很了不起？"这个想法遭到了无情的反驳："是太自恋了。这明明说的不是你，是我们每个读者！"

  这本书出版以后，得益于得到不遗余力的推广，和书本身的生命力，很快就成了一本畅销书。它入选了豆瓣"2019 年度十大高分图书"榜单，至今豆瓣评分还维持在 8.8 分。有无数读者在各种场合告诉我他们对这本书的喜爱，以及这本书给他们带来的感动和帮助。

有好几个人拿出了密密麻麻的读书笔记，这些笔记本身就够一本书的体量了。他们说，自己曾陷入人生低谷，是这本书帮助他们找到了走出低谷的方法。

也有很多人告诉我，他们曾为自己是否要去做自己想做的事而犹豫不决，是这本书帮他们下定了决心，并陪他们度过了转变期的迷茫。

还有很多人说："陈老师，这本书真是一本材料丰富的百宝箱，每次我遇到了新的事，重新去读它的时候，都会有新的感受，对它的感悟也会更深。"

……

我还知道，重庆有一个规模很大的年轻人社群，把《了不起的我》当作他们第一本社群共读书；有一个互联网大厂，给公司的 HR 团队里每个人都发了这本书，来学习帮助人自我发展的心理学；有一个大型的医药公司，在年会上给所有员工都发了一本《了不起的我》，希望他们都能成为更好的自己；还有一位高中班主任，给班里每个同学都送了一本《了不起的我》，激励他们努力向前……

这样的例子还有很多很多。

这些了不起的读者，把《了不起的我》带入他们的人生中，跟他们的人生故事交织在一起，参与和见证了他们的发展和转变。是他们，成就了《了不起的我》。

从 2019 年 10 月《了不起的我》上市，到 2024 年 10 月，五年已经过去了。这五年来，《了不起的我》实销超过 50 万册，说明至少有 50 万人通过各种渠道看到了这本书。五年弹指一挥间，很多人从学校步入社会，从初入职场成长为行业中坚，从动荡到稳定，或者从稳定到迎来新的变化，进入新的人生阶段。我坚信，这本书对不同阶段的人都有帮助，也希望大家能从这本书里找到让自己变得更好的方法。

这本书也改变了我。还记得这本书销量超过 10 万册的时候，白丽丽老师打趣地祝贺我："一本书过了 10 万册，作者就可以称自己为畅销书作家了。祝贺海贤老师，您又多了一个新头衔。"我终于有了自己的代表作，真的变成"了不起的我"了。

变化远远不止于此。这五年，我不断加深对自我发展的理解，也在不断用书里的方法帮助人。我自己也在不断实践书里讲的理念和方法，从讲出这些道理，到活出这些道理。越深入，我越能感受到这本书的价值。有时候我也会想：

"既然这么多的读者从这本书获益，怎样才能让这本书帮到更多的人？"

2024 年年初，我们开始策划筹备《了不起的我》漫画版，因为我们认为时代的进步带来了获取知识的不同方式，不论是文字版、音频版，还是漫画版，都具备各自的魅力。而现在图文并茂、碎片化阅读也成为流行的方式。年轻人了解世界的方式变得多样化，喜欢看动漫的孩子也成长起来了，我们希望用更丰富的形式，把内容展现给更多的读者。

很多人会关心你的吃穿用度，却很少有人会关注你的心理、情绪。能否将消极情绪化解是一个人非常重要的能力。而现在的很多人，刚刚接触社会，就已经被时代的洪流裹挟其中了，如何让内心变得强大，如何与世界交手，如何走这条艰难却能帮助你成长的自我发展之路，需要学习。

漫画版是这本书的新征程，希望它也能陪伴你的人生旅途，迈入新的征程。

陈海贤

2024 年 10 月于杭州

目 录

Chapter 1　改变之路：每个人都有选择　1

Chapter 2　改变的本质：创造新经验　17

Chapter 3　心理舒适区：摆脱旧经验　32

Chapter 4　心理免疫的X光片：看清心中的恐惧　48

Chapter 5　检验人生假设：看清自我限制的规则　59

Chapter 6　小步子原理：迈出改变的第一步　71

Chapter 7　培养"环境场"：让新行为变成新习惯　84

Chapter 8　情感触动：改变最重要的动力　96

Chapter 9　第二序列改变：改变真的有效吗　110

Chapter 10　心智模式：组织和加工世界的方式　122

Chapter 11　僵固型思维：活在别人的评价中　130

Chapter 12　对世界的应该思维：消极情绪是如何产生的　144

Chapter 13　对自己的应该思维：我们为何无法接纳自我　*156*

Chapter 14　绝对化思维：人为什么会陷入悲观主义　*167*

Chapter 15　创造性思维：找到持续行动的张力　*178*

Chapter 16　控制的两分法：把目标变为行动　*189*

Chapter 17　近的思维：如何走出焦虑　*200*

Chapter 18　思维弹性：思维是怎样进化的　*211*

Chapter 19　关系中的自我：从个体视角到关系视角　*222*

Chapter 20　关系中的角色：解锁更多自我可能　*231*

Chapter 21　关系的语言：人际关系的密码　*241*

Chapter 22　关系的互补：系统如何塑造你我　*251*

Chapter 1

改变之路：
每个人都有选择

作为一名心理咨询师，我根据多年的心理咨询经验，发现了一个很有意思的现象。

老师，我很痛苦，我渴望改变，但我没有选择。

很多来访者抱着改变的目的咨询，可当他们真正开始探索改变的可能性时，却顾虑重重。

个体的力量太微小了，怎么可能影响大环境呢？

社会主流是不会接纳跟他们相悖的意见的。

有人出生就在罗马，而我生来就是牛马，改也没用吧。

那都是过去的事了，人要怎么改变已经发生的事。

Chapter 1　改变之路：每个人都有选择

人们总觉得自己不可能做出与现在不同的选择，因此停下脚步，在原地痛苦徘徊。但我想告诉你的恰恰是——

你要相信自己，其实你一直都有选择。

认定自己没有选择，会把我们从灵活机动的人，变成无能为力的牺牲品。

我们为什么会这么想呢？因为当我们被"卡住"，陷入或轻或重的无力感，认定找不到更好的人生选项时，**会误以为只有按照理想状况做出选择，才算有选择；选项不够好，那就是没有选择。**

比如这位来访者——

老师，我拖延症又严重了，上班根本提不起劲。

为什么不换工作呢？

现在到处裁员，这工作好歹还能维持温饱。

那你喜欢这份工作吗？

没那么喜欢，但是为了养活自己，我没有选择。

你看，其实并不是没有选择。而是她不愿意为喜欢的工作冒险，所以选择忍受没那么喜欢的工作。

我好痛苦啊，老师，这工作根本没什么前途……
那就离开吧，养活自己的方法不止一种。
辞职的话，我的积蓄支撑不了多久。
我工作太忙了，也没时间出去面试。
找领导批假条还要被问东问西，麻烦死了。
没钱、没时间、太麻烦、没必要……当你为改变找借口时，其实是选择了“没有选择”。

人们面临的选择，通常分为两种：

一种是"当前的现实"，

一种是"头脑中的理想"。

有时候，人们宁愿承认生活就是"没有选择"，也不愿承认"头脑中的理想"至少在当下并不现实。

老师，既然有选择，而我现在过得不好，是不是我的错？

首先，你这种讨论对错的思维方式并不健康。

Chapter 1　改变之路：每个人都有选择

在"没有选择"代表的指责抱怨和"有选择"代表的内疚自责之间，很多人宁可选择前者，因为这样痛苦会轻得多。

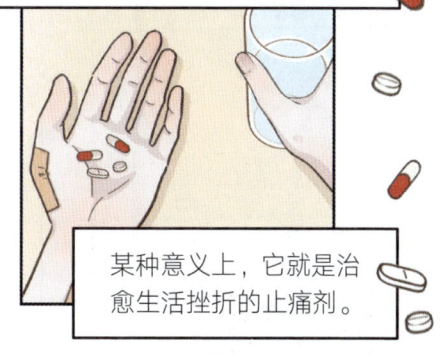

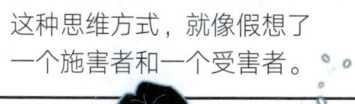

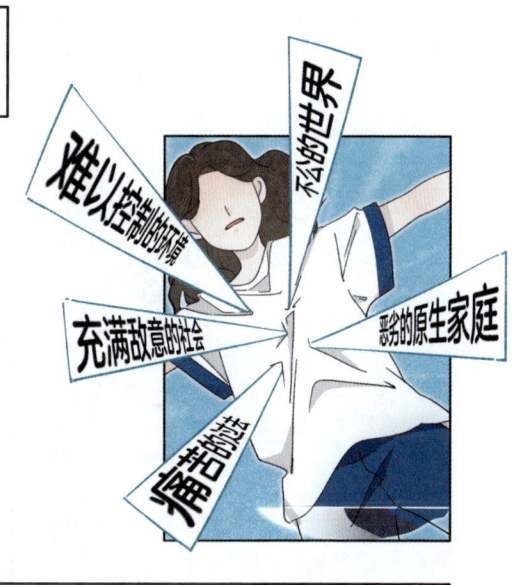

某种意义上，它就是治愈生活挫折的止痛剂。

这种思维方式，就像假想了一个施害者和一个受害者。

难以控制的原欲　不公的世界　充满敌意的社会　恶劣的原生家庭　痛苦的过去

我们觉得自己没选择，是把自己放到了受害者的位置，并将责任推给了假想中的施害者。这样一来，负罪感就会减轻很多。

我明白了，老师。那我还是应该选择辞职吗？

是否辞职都可以。但你要明白，无论做什么选择，最终为结果负责的都是你自己。

因为当下过得不好，就一直纠结现状的对错，或一味责怪自己，都是没用的。

好想辞职啊。当初我就不该做这份工作。

连这点小事都做不好，我好没用啊。

如果想改变，我们需要转换成另一种思维方式。

Chapter 1　改变之路：每个人都有选择

——将选择的控制权牢牢握在自己手里，这才是开始改变的前提。

怎么才能将控制权握在自己手里？

勇气和自省，两者缺一不可。

首先，我们需要有勇气。这意味着我们要承担起对自己的责任，看清自己做出的选择。

即使是斯科特·派克，也要为此付出巨大的勇气和努力。

斯科特·派克
(Scott Peck)

美国著名作家、医学博士、心理治疗大师，《少有人走的路》作者。

年轻时，斯科特常因工作而忽略了家庭。别的同事每天下午四点半就下班了，他却要接诊到晚上八九点。太太总是抱怨他回家晚，他也身心俱疲。

Chapter 1　改变之路：每个人都有选择

当斯科特找到主任，想商量暂停几周接待来访者时，对方却说："我看到你遇到麻烦了。"

那您认为我该怎么办呢？

我不是告诉你了嘛，你现在有麻烦了。

我就是为了解决麻烦才找您啊！

听着。你的麻烦跟时间有关，而且是你的时间，不是我的时间，所以这不是我的事。

| 理直气壮爱自己（上）

斯科特气得要命，觉得主任不可理喻。

可是 3 个月后，斯科特忽然意识到，主任说得没错。

我的时间是我的责任，如何安排时间应该由我自己负责。

花更多的时间接待来访者，是斯科特自己选择的结果。
因为他既想当受人尊敬的心理咨询师，又不想承担被妻子抱怨的责任。

Chapter 1　改变之路：每个人都有选择

> 我明白了。他去找主任，其实是把责任推给了对方。

> 没错。他认为自己没有选择，想让上司帮他选择。

> 选择改变，对于训练有素的心理医生尚且如此艰难，更何况未受过训练的普通人。

> 当斯科特认清了这点并勇于承担责任，他的人生才有了改变。

> 除了勇气，改变还需要自我审视、自我反省的能力。

我有位来访者,她童年时常常遭受母亲的指责打骂,当她有了家庭后,也总会指责自己的女儿。

Chapter 1　改变之路：每个人都有选择

她感觉自己像分裂成了两个人。

一个她，读了很多书，受了很好的教育。
另一个她，却继承了母亲身上的焦虑和严苛。

我女儿好可怜，我不能这样对她！

我没有问题！有问题的是我女儿！

我也不想这样。

当我指责我女儿时，我也在不停地指责自己。

她内心十分痛苦。

你听说过阿德勒的三面柱吗？

怎么办

别人真可恶

我很可怜

据说每次有来访者到咨询室，阿德勒都会指着三面柱问他们："你想谈什么？"

大多数人热衷于谈论自己的可怜、别人的可恶,而你跟他们相反。

怎么办

说明你有自省。

这是你跟你妈妈最不同的地方。

有时候我们不是马上就能改变,可当我们意识到自己的问题时,就是改变的开始。

对不起!

请原谅过去的妈妈!

如果你的面前也有一根三面柱,你会怎么回答呢?
如果改变是一条既需要勇气,又需要自省的艰难道路,你还要走吗?

Chapter 2
改变的本质：创造新经验

| 理直气壮爱自己(上)

"想要改变却遭遇失败"这件事,相信大家或多或少都有体会。

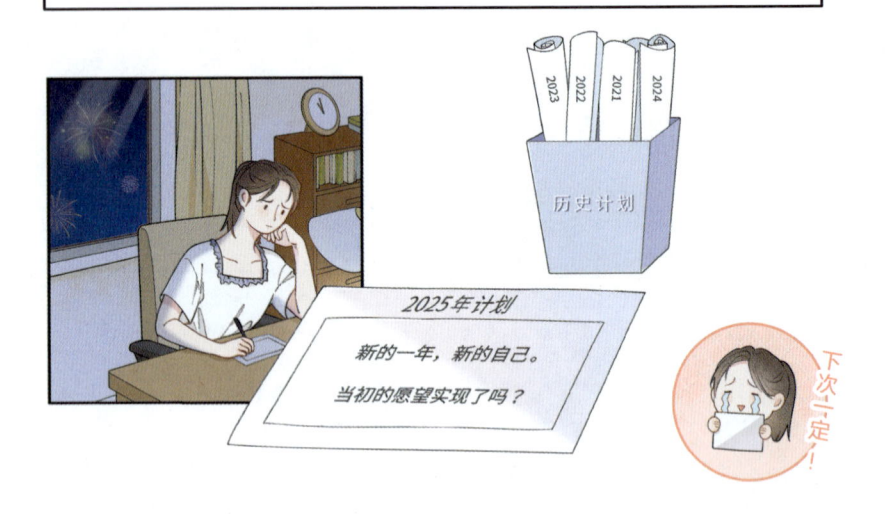

就比如今天的来访者,一名刚毕业不久、在陌生大城市打拼的大学生阿颖。她想要改变的,是加班后的一顿顿夜宵——暴食。

工作压力大,加班结束就八九点了。

忍不住想吃点什么,不知不觉就坐上了去闹市区的地铁。

在小吃店,看着周围人来人往,一不小心就吃撑了……

我的意志力好弱啊,为什么连这点小事都控制不了呢?

Chapter 2　改变的本质：创造新经验

我们想让自己变得更好，却常常事与愿违。
内心给自己定下的行为标准，却经常被现实的另一个自己破坏。

为什么我的身体不能按我想的行动呢……

别再跟自己过不去了，也许我们应该换个角度思考。

拖延症

懒得动

熬夜刷手机

暴食

人为什么控制不住自己呢？

理直气壮爱自己（上）

事实上，我们的躯体里有两个自我。
一个是"理性的自我"，一个是"感性的自我"。

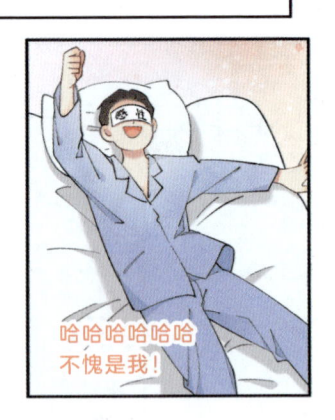

本月计划破产率达到100%

哈哈哈哈哈哈
不愧是我！

区分这两个自我，理解它们之间的关系，对于我们理解"改变"非常重要。

你们到底为什么天天吵架？

理性

感性

我们也不懂耶。

Chapter 2 改变的本质：创造新经验

积极心理学家乔纳森·海特有一个有趣的比喻，来描述两个自我之间的关系。

乔纳森·海特
（Jonathan Haidt）

美国著名社会心理学家，积极心理学的先锋派领袖之一。

他说，人的情感就像一头"大象"，而理智就像一个"骑象人"。

感性自我

理性自我

骑象人骑在大象背上，手里握着缰绳，好像在指挥大象。
但事实上，和大象相比，他的力量微不足道，压根拗不过大象。

> 走错了，是右边！是右边！！！

可骑象人又不能抛下大象撒腿跑掉。所以，想要改变，理智和情感缺一不可。

原地开摆

> 喵？

Chapter 2 改变的本质：创造新经验

对于改变，理智能够给出理想的方向，情感则提供实际的动力。

如果人的理智想要改变，就需要了解情感这头大象的脾气和秉性，利用大象的特点，才能事半功倍。

汪——

等等，我需要了解你！

那么，情感的大象到底有什么脾气呢？

在我看来，情感的大象有三个特点。

情感大象
三个特点

特点一，大象的力量大，一旦被激发，理智很难控制住它。

特点二，它很容易被情感带着跑。

它既容易被焦虑、恐惧等负面情绪驱动……

也容易被爱、怜悯、同情、忠诚等积极的情绪驱动。

所以，它既能成为改变的阻力，也能成为推动改变的动力。

需要重点解释的是大象的第三个特点：**被经验的好处支配**。
它与"改变为什么这么难"直接相关。

它只承认我们切实体会过的"经验的好处"，而不承认理智所构想的"期待的好处"。

情感大象
特点三：被经验的好处支配

Chapter 2　改变的本质：创造新经验

说到这里，有人就要问了。

"期待的好处"是什么？

"经验的好处"又是什么？

"期待的好处"是我们想象中的好处，

如果我每天早起跑步，会更有精神。

"经验的好处"是我们实际体验过的好处，

睡懒觉时被窝的温暖

是抽象的，发生在未来的，

是具体的，发生在过去或当下的，

如果我不拖延，会更高效，成就感 UP！

打游戏的快乐

被教导的。

切身感受到的。

如果我坚持健康饮食，身体会变更好。

胡吃海喝的刺激

显然,"期待的好处"容易令人长期获益。
大部分时候,理智的骑象人虽然想追求"期待的好处",可他座下的情感大象却不由自主转向了"经验的好处"。

经验的好处　期待的好处

又走错了,是右边!是右边!!!

大象为什么会被"经验的好处"支配?

也许,我们可以让伯勒斯·斯金纳来回答这个问题。

伯勒斯·斯金纳
(Burrhus Skinner)

美国行为主义心理学家,新行为主义的代表人物,操作性条件反射理论的奠基者。

Chapter 2 改变的本质：创造新经验

斯金纳曾经设计过一个著名的"斯金纳箱"，这个箱子里养着一只鸽子。鸽子一开始什么也不懂，悠闲地在里面散步。

可是，一旦鸽子用嘴啄了实验员设置的按钮，就会有食物掉下来。几次以后，鸽子就会不断重复做这个动作。也就是说，鸽子的动作被食物给"强化"了。

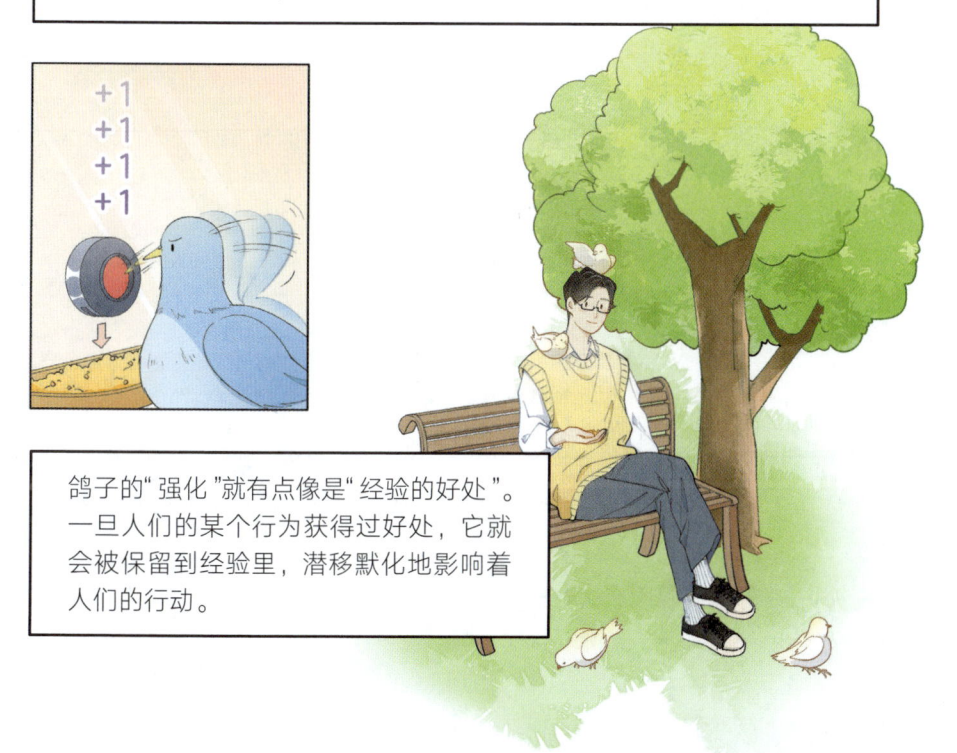

鸽子的"强化"就有点像是"经验的好处"。一旦人们的某个行为获得过好处，它就会被保留到经验里，潜移默化地影响着人们的行动。

理直气壮爱自己（上）

强化也分正负。正强化增加快乐，负强化减少痛苦。两者都能驱动情感的大象。

为了奖金和明天！

打卡成功，总算不用扣钱了……

▲ 正强化

一个人的某种行为，获得了他想要的结果，从而让这种行为更巩固了。

▼ 负强化

一个人的某种行为，让他不想要的结果减少，从而让这种行为更巩固了。

让我们把目光移回前来咨询的阿颖身上。那天，我们针对她的暴食问题聊了很多。

我总想出门去吃夜宵，点外卖都不行。

也许你潜意识想通过吃夜宵，获得或避免什么。

我经常边吃边看着来来往往的人，吃着吃着就吃撑了。

也许你只是喜欢人群。

Chapter 2　改变的本质：创造新经验

你是不是独自在外漂泊太孤独了？

我，我……

人生已经如此艰难了，你不需要完全否定吃。但你要找一个更健康的减压方式。

嗯……

改变的本质，其实就是创造新经验。
通过新的行为，获得新的反馈、新的强化，并切身体验到它。

陈老师，我现在感觉好多了！

我尝试了跑步健身、参加读书会、邀请朋友看电影，用它们代替吃夜宵。

最后我居然喜欢上了羽毛球，还在球馆里认识了几个新朋友！

Chapter 2 改变的本质：创造新经验

"太棒了，那你现在还会用夜宵减压吗？"

"偶尔还会，但我能慢慢开始控制饮食了，这是一个好的开始！"

你看，

当情感的大象主动前进，改变也会随之而来。

Chapter 3

心理舒适区：
摆脱旧经验

Chapter 3 心理舒适区：摆脱旧经验

上一章说过：
改变的本质是创造新经验，并通过"强化"把"新经验"转化成新的习惯。
但"旧经验"可没那么容易挣脱。

放开我！我要改变——

为什么我们总是难以逃离"旧经验"的魔爪？
因为它用一个笼子把我们关住了，这个笼子叫"心理舒适区"。

什么心理舒适区，根本就是只图好过嘛！

外面悲伤那么大，不如原地蹲一蹲。

【旧经验赛道专享福利 - 心理舒适区】

心理舒适区 = 舒适的环境？

这其实是对"心理舒适区"的误解。

误解1:"心理舒适区"意味着舒服。

举个例子:我们都认为外面的世界怎么都比监狱舒服,可《肖申克的救赎》里的老布不这么觉得。

老布被关押了50年,几乎在监狱耗尽一生,却依然保持乐观积极。

可当他终于迎来刑满释放时,他的精神几乎崩溃。为了留在监狱,老布不惜再次犯罪,以求继续服刑。监狱虽然不舒服,但它是老布的心理舒适区。当老布最终出狱的时候,他甚至选择了自杀。

有时候，人们即使处于很痛苦、很艰难的环境中，依然不愿改变。这也是一种"心理舒适区"，因为人们熟悉它。

误解 2："心理舒适区"意味着熟悉的环境。

生活遇到瓶颈，换个环境重新开始，是很多人都有的想法。我有个朋友就是这样，想换个环境去国外读书，以寻求改变的契机。

世界那么大，我想去看看。读书是个好选择。

出国长长见识挺好。但换环境不代表就能重获新生……

Chapter 3　心理舒适区：摆脱旧经验

我见过一些人，换个地方、换份工作，马上就有脱胎换骨的变化。

我也见过很多人，去过很多国家，在很多地方待过，却一直没什么变化。

因为每个人都有自己长长的过去。
这些长长的过去不在环境里，而在我们的头脑里，在我们的所思所想中，在我们和环境的互动中。

我们的"过去"，在脑内构成了"心理舒适区"，依然影响着现在。

所以,真正的"心理舒适区"不是熟悉的环境,而是我们熟悉的应对环境的固有方式。

"应对方式"有两层含义。

第一层是行为上的应对,就是对具体事情的反应。

遇到危险时……

战斗

还是

逃避

工作中遇到困难时……

解决

还是

拖延

第二层是内心情绪上的应对。

面对动物园的狮子，三个孩子同样有害怕情绪，却选择了不同的应对方式。

哭着大喊要回家　　瑟瑟发抖　　冲狮子做鬼脸

只有改变"应对方式"，才是真正走出了"心理舒适区"。

"应对方式"为什么这么难改？
"心理舒适区"的"魔力"究竟来自哪里呢？

答案是——控制感。

控制感是每个人的基本需要，也是安全感的来源。越是感到威胁、焦虑，就越需要"控制感"，人就越容易抓着过去的"应对方式"不放。

走出舒适区，意味着要寻找新的适应办法。这着实有些累人。

因此，对焦虑感的回避和对控制感的需要，常让人回到熟悉的应对方式里，回到"心理舒适区"。
这也给行为的改变带来了巨大困难。

Chapter 3　心理舒适区：摆脱旧经验

> 这次的来访者小叶正处在焦虑之中。
> 小叶和丈夫异地六年终于结婚，从原来工作的城市搬到上海，和丈夫一起生活。她却在职业选择上陷入了新的纠结。

怎么办？我脑子里总在想着回去的事……

其实你也认为上海的发展机会比以前的城市好，为什么还是想回去呢？

我，我总觉得……我迟早会离婚。

是生活有困难？还是老公……

都不是。我，我也不知道怎么说……

现在好是好……

可将来也许会发生什么不好的事，彻底破坏现在的一切……

为了找到这份不安的根源，我和小叶聊了许久。
聊她的现在，聊她的过去，聊她印象最深刻的某个场景。

有一次，我坐在家门口，一个人等着在外做生意的爸妈回家。

那时，家门口的牵牛花开了，我就一直看着那些牵牛花，天一点点黑下来……

最后，天暗得花都看不见了，爸妈还是没有回来。

Chapter 3　心理舒适区：摆脱旧经验

类似的情况还有很多，后来就慢慢习惯吧。

可我知道，这是很让人焦虑的场景。
如果不是发展出了一种特别的应对方式，她是没法习惯的。

那之后，小叶旧有的"应对方式"还在持续——

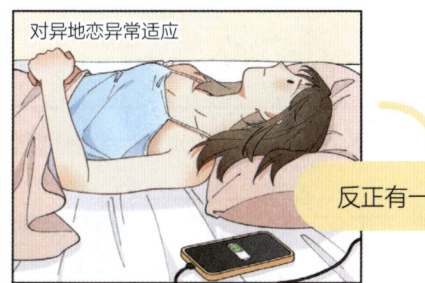

对异地恋异常适应

反正有一天他会离开的。

不要把事情藏在心里。

也许我不该来上海。

婚后生活在一起，却开始不安。

小叶以为自己纠结的是职业发展，实际上却是恐惧离开"心理舒适区"。

这种旧有的"应对方式"不适用于幸福的婚姻，而适用于令人焦虑的分离。

她对关系不抱期望，随时准备过一个人的生活。

这正是心理舒适区最特别的地方——

人不是根据现在的生活去选择合适的应对方式，而会根据熟悉的应对方式来建构现在的生活。

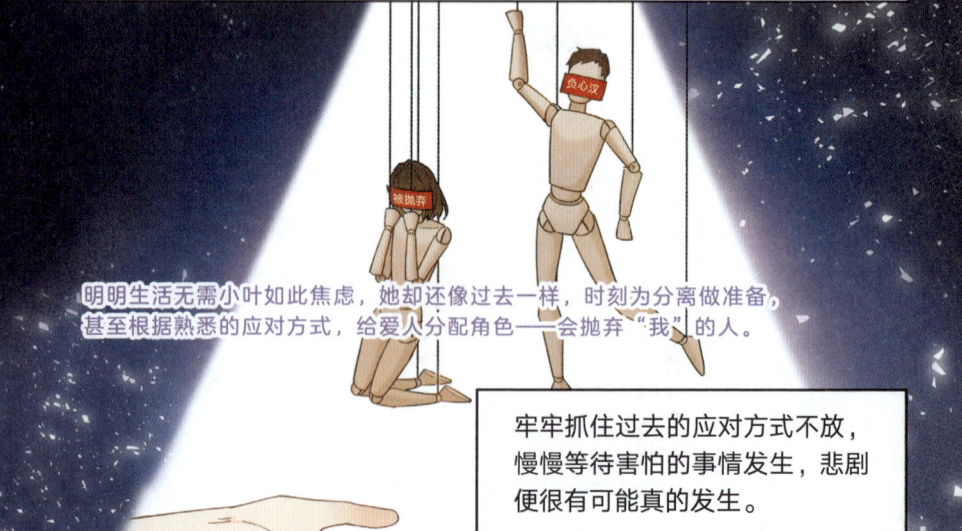

明明生活无需小叶如此焦虑，她却还像过去一样，时刻为分离做准备，甚至根据熟悉的应对方式，给爱人分配角色——会抛弃"我"的人。

牢牢抓住过去的应对方式不放，慢慢等待害怕的事情发生，悲剧便很有可能真的发生。

幸运的是，丈夫对两个人的关系很有安全感。

他的心理舒适区是：两地分居并非常态，两人会在一起——他包容了她的不安。

在我的建议下,他们给小叶的焦虑起了个名字——"小闹铃"。

我的小闹铃又响了。

好的,按掉啦。

最终,小叶决定留在上海。

虽然无法保证分离永不出现,但新的适应方式能让她享受现有的幸福和快乐,并从中积累新的经验。

Chapter 3　心理舒适区：摆脱旧经验

这，就是改变的意义。

"心理舒适区"的本质，是熟悉的"应对方式"带来的"控制感"。

这份控制感让我们难以改变，也是我们在行为上难以摆脱旧经验、接纳新经验的最关键原因。

你在感到恐惧不安的时候，不妨试试停下来回头看看——

也许，是"旧经验"在作怪呢。

Chapter 4

心理免疫的X光片：
看清心中的恐惧

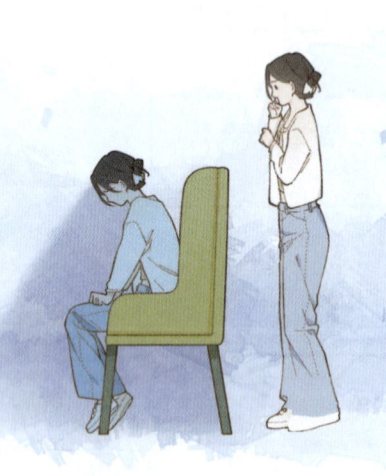

Chapter 4　心理免疫的 X 光片：看清心中的恐惧

我们总认为改变很简单，如果我们想要改变某种行为，只要做跟它相反的事就好了。但结果往往不尽如人意……

不能再迟到了，设个闹钟早起！

再睡五分钟……

因为，你不了解自己。

绝望级拖延症

起床困难户　不想上班的每一天

心理舒适区

你需要面对内心真实的爱和怕，改变思维方式，走出心理舒适区……

有一种叫"心理免疫的 X 光片"的工具，刚好可以帮到你。

"生理免疫系统"我们都知道，可"心理免疫"是什么呢？

罗伯特·凯根
（Robert Kegan）

美国发展心理学家。

"就像人有一套生理免疫系统，人的心理也有一套心理免疫系统"。

"心理免疫系统"排斥我们采取"新行为"，来维持心理结构的平衡和稳定。

不认识的行为，不能通过！

它本质上是一套焦虑控制系统。

下面这个案例，也许能帮我们更好地理解"心理免疫系统"。

Chapter 4　心理免疫的X光片：看清心中的恐惧

今天的来访者艾米正处于焦虑中。
她在一家互联网公司工作，常常需要开会。

其实我有很多想法，却总是开不了口……

艾米，你认为对吗？

有时候，明明心里不同意。可别人一问，我又本能地说——

对……就是这样。

艾米的"心理免疫系统"在阻碍她达成目标，希望"X光片"可以帮到她。

| 理直气壮爱自己（上）

下面，开始介绍对抗"心理免疫系统"的工具——"心理免疫的 X 光片"。

"X 光片"的第一栏，是我们希望达成的"行为目标"。

艾米的心理免疫 X 光片
① 希望达成的行为目标：
更开心 情绪的目标
更有创意 能力的目标
挣钱 结果性的目标

"心理免疫系统"的目标，是要用"行为"来标识的。

更自信地表达自己。

看，"表达"正是一个"行为"。

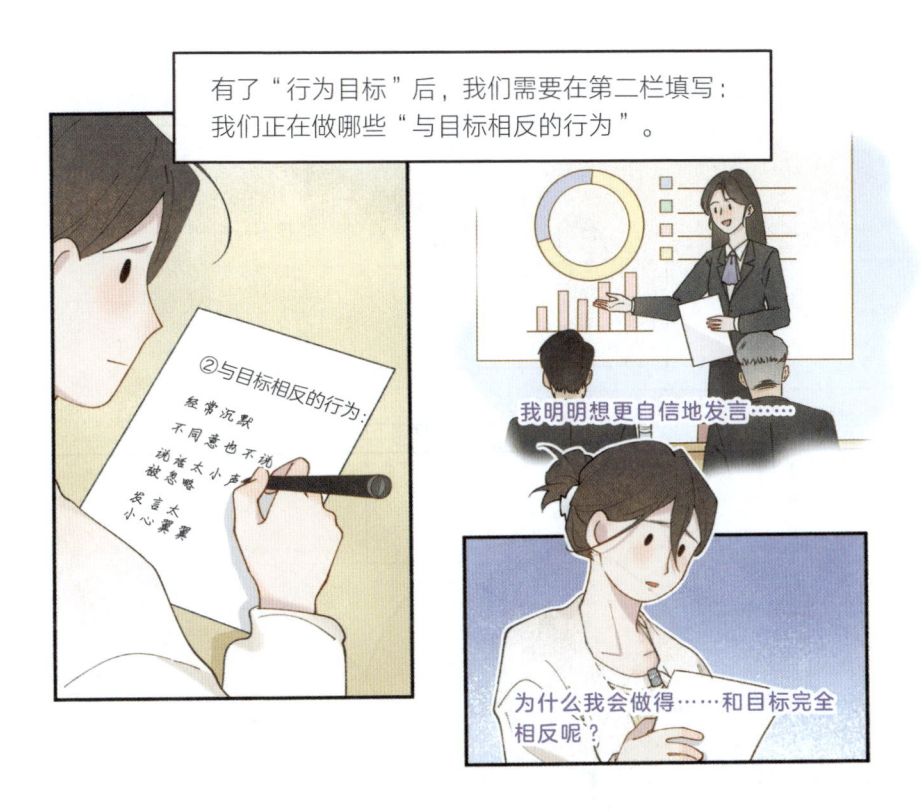

Chapter 4 心理免疫的 X 光片：看清心中的恐惧

有了"行为目标"后，我们需要在第二栏填写：我们正在做哪些"与目标相反的行为"。

②与目标相反的行为：
经常沉默
不同意也不说
说话太小声
做忽略
发言太小心翼翼

我明明想更自信地发言……

为什么我会做得……和目标完全相反呢？

因为，这些行为也带来了隐秘的"好处"。

好处？

| 理直气壮爱自己（上）

现在，我们需要在第三栏思考：这些行为有哪些"隐秘的好处"。

不自信地表达自己，能有什么好处？

或者我们换个问法——

假如不这么做，会发生的最糟糕的事情是什么？

假如不附和别人，我担心——

虽然艾米是新人，但也是我们部门的一份子！你通知聚餐为什么单单漏了她。

我发到部门大群了，她自己不看群消息怪我咯！

都是我的错，你们不要再吵了……

这都不知道，也太蠢了吧。

恐惧　　改变

艾米害怕冲突。
避免冲突就是"隐秘的好处"，牵引着她走向与目标相反的路。

Chapter 4　心理免疫的 X 光片：看清心中的恐惧

现在，我们照出了内心的恐惧，只剩下最后的第四栏：找到恐惧的根源——内心重大的"假设"。

发表不同意见 = 被排斥

说得不对 = 别人觉得我蠢

是什么让我这么觉得的？

艾米的心里有一个重大的"假设"，这个"假设"隐藏在所有与目标相反的行为背后。

如果我发表不同意见，就会引发冲突。

原来，我是这样想的啊……

正是这个"假设"，让这些行为所谓的"好处"成立了。

可是，艾米心里为什么会有这种假设呢？

艾米的爸爸是退伍军人。

她爸爸很严厉，总嫌她妈妈啰唆。

我妈一说话，他就会用眼睛瞪她。

就像这样。

妈妈别再说了……别吵了……

这个瞪眼睛的表情在艾米心里烙下了印记，从而在艾米心中种下了"假设"。

Chapter 4 心理免疫的 X 光片：看清心中的恐惧

X 光片报告

艾米在会议上不敢说出自己的想法，她想改变。

4个步骤

① 希望达成的行为目标：更自信地表达自己。

② 与目标相反的行为：经常附和别人；说话很小声……

③ 潜在的好处：避免和别人发生冲突。

④ 内心重大假设：如果我发表不同意见，就会引发冲突。

就像自我催眠一样，"假设"变成了艾米"心理免疫系统"的一部分。

心理免疫的"X 光片"，让我们看清心理免疫系统是怎样阻止人发生改变的。

改变之所以困难，不是因为我们的意志力不够。

而是因为"改变的愿望"和"不改变的动力"间，存在着严重的冲突。

理直气壮爱自己（上）

但我们不能一味责怪那些阻碍改变的行为，更不能责怪"心理免疫系统"。

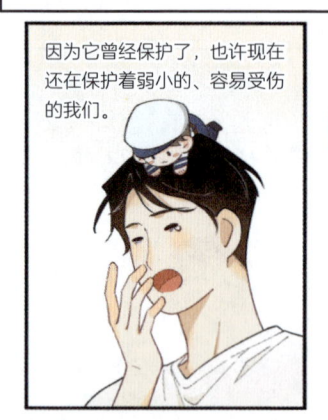

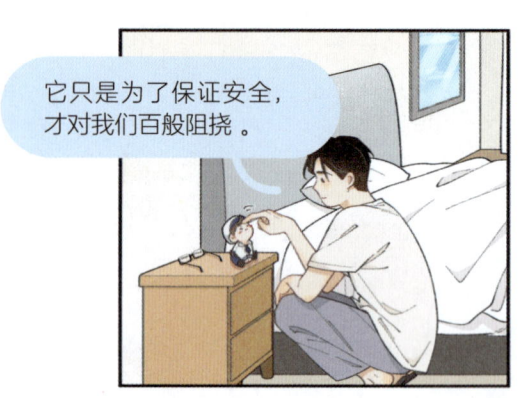

因为它曾经保护了，也许现在还在保护着弱小的、容易受伤的我们。

它只是为了保证安全，才对我们百般阻挠。

但终有一天，我们要挣脱它的怀抱——

走向改变的、崭新的未来。

Chapter 5

检验人生假设：
看清自我限制的规则

| 理直气壮爱自己（上）

前方危险
改变困难

改变很难，
是因为每个行为背后，
都有我们的"怕"。

怎么突破心里的"怕"？
一共有四种办法，称为"改变四原则"。

检验人生假设　小步子原理　培养"环境场"（学习区）　情感触动

那么，让我们从第一个原则，"检验人生假设"开始说起。

Chapter 5　检验人生假设：看清自我限制的规则

卡尔·荣格
(Carl Jung)

瑞士心理学家，创立了荣格人格分析心理学理论。

"如果潜意识的东西不能转化成意识，它就会变成我们的命运，指引我们的人生。"

STEP 01 ｜ 检验人生假设
看见内心的假设

行为背后，往往藏着一些我们对人生的重要假设。
比如我们的朋友艾米，她总是不敢主动表达自己的想法。

我们周六去海边团建吧！

好耶！

周六不应该休息吗？
为什么要去团建……

| 理直气壮爱自己（上）

> 周六我不想出门，但我怕大家说我不合群……

> 其实无论是谁，被占用休息时间都会觉得困扰。

> 原来并不是只有我这样想啊！

艾米的假设是"发表不同意见会引发冲突"。看见心中的假设，就踏上了让改变发生的第一步。

现在，你可以试着思考：

1	那些阻碍改变的行为，有什么隐含的好处？
2	如果放弃这个行为模式，能想到的最糟糕的情况是什么？
3	为什么这些隐含的好处是必需的？若没有这些好处，会发生什么可怕的事？

怎么样，看见自己心中的假设了吗？

Chapter 5 检验人生假设：看清自我限制的规则

> 我们用一个来访者菲菲的案例来巩固记忆吧，她的痛苦是怀疑他人，无法和他人建立联系。

我总觉得人和人之间只有利益，别人对我好都是有企图的。

你觉得谁是这样的人呢？

我想想，父母，高中班主任……

他们的企图是？

爸妈是需要我养老，老师是想提升工作评价吧。

奇怪……为什么我会这样想，其他人不会呢？

> 当菲菲开始这么想时，就已经在审视自己的假设了。当然，只看见假设还远远不够，你还需要验证假设。

STEP 02 | 检验人生假设
验证内心的假设

你还记得：改变是怎么发生的吗？

是我考虑不周，换工作日吧。

抱歉，我很愿意跟你们一起，但周六实在想睡懒觉……

其实我也想！

改变的本质，是通过做不一样的事"强化"，获得新经验

（与心理免疫系统要求相反）
（假设松动后的新领悟）

要进一步改变，我们得做点不一样的事："行为测验"。

实践才能出真知。

针对原本的假设，设计一些新行为，用"行为测验"来测试这些基本假设。

Chapter 5 检验人生假设：看清自我限制的规则

今天有个新的来访者，她叫晓晓，和艾米一样需要"行为测验"。晓晓在团队里总是表现得非常积极阳光。

冲啊——！

咋了咋了，给你讲个笑话呗？

可实际上，她生活得很累……

晓晓内心假设 - 诊断报告

如果不表现得积极乐观，在团队中就没有价值，别人不会喜欢我。

只要有人不开心，我就觉得是不是因为自己没做好。

晓晓坚信自己非得积极乐观不可，我不能强行改变她，但我依然有办法——"行为测验"。

改变是一种支持性的探索,既需要勇敢,也需要安全和可控。
"行为测验"两者皆有。

晓晓的一周"行为测验"安排

| 周一、周三、周五 保持原状 | 周二、周四 不关注他人情绪,专注自己 | 每天 记录自己和团队的心情变化 |

这份"行为测验",既保留了晓晓原来的习惯,也为新的改变带来可能。

行为试验一周后

挺意外的,我变化这么大,公司里居然没人发现。

我们以为自己必须做的,也许别人根本不介意。不是吗?

晓晓的内心假设,就这样慢慢松动了。

Chapter 5 检验人生假设：看清自我限制的规则

为了做出一些改变，我自己也会使用"行为测验"。
曾有一阵子，我会在背后抱怨合作伙伴，而我很不喜欢自己这样。

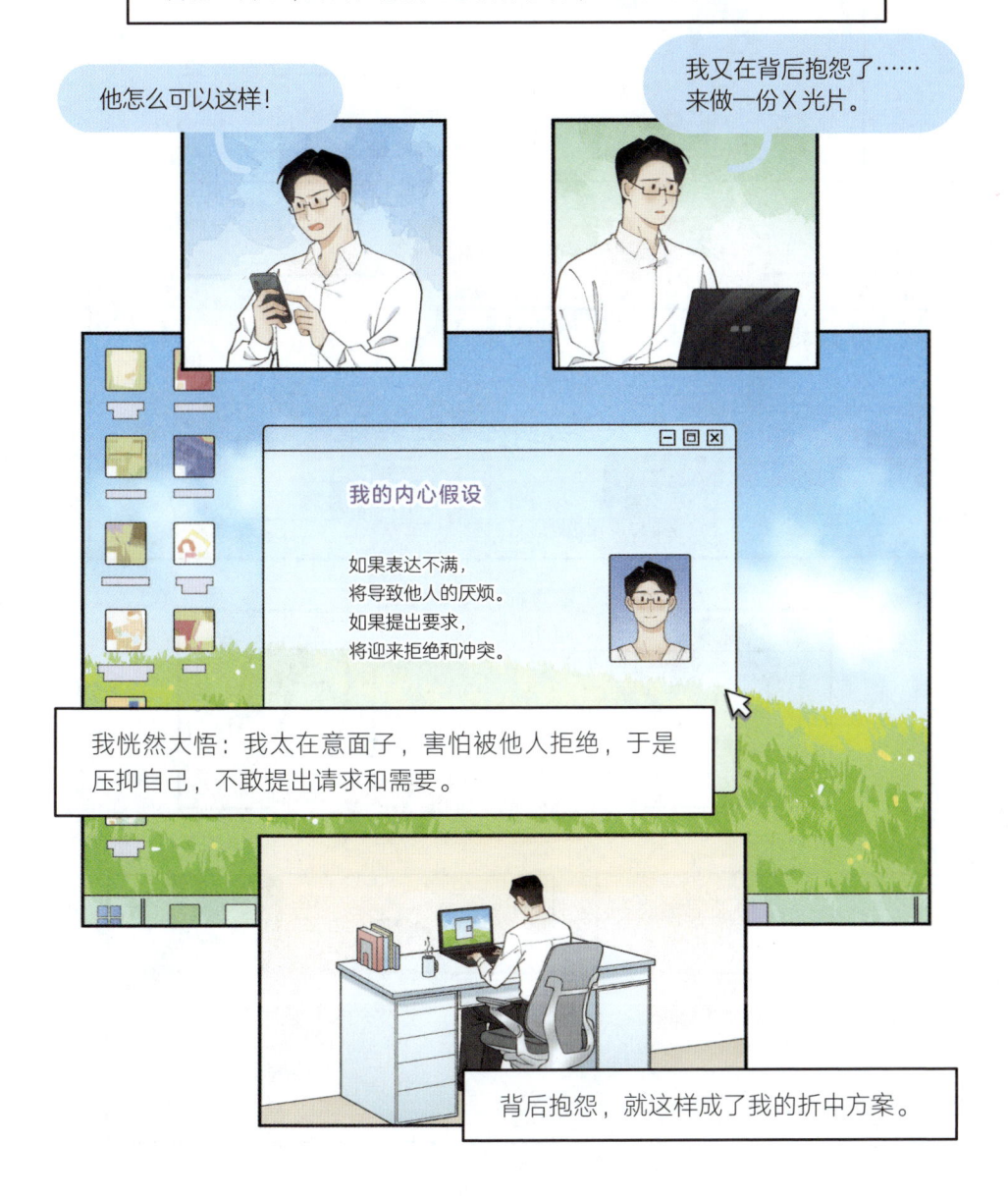

他怎么可以这样！

我又在背后抱怨了……
来做一份X光片。

我的内心假设

如果表达不满，
将导致他人的厌烦。
如果提出要求，
将迎来拒绝和冲突。

我恍然大悟：我太在意面子，害怕被他人拒绝，于是压抑自己，不敢提出请求和需要。

背后抱怨，就这样成了我的折中方案。

理直气壮爱自己（上）

于是，我针对问题，设计了"行为测验"：直接提出要求，而不是背后抱怨。

很快，我就迎来了执行测验的机会。

我给方案改了名字，你看看。

可是我不喜欢……

现在的名字会更符合市场审美。

您之前已经同意了，为什么又改呢？

我……

现在改，时间来不及了。

那一刻，我想了很多，但是果然……

抱歉，能否请主编帮我再想一个名字呢？

Chapter 5 检验人生假设：看清自我限制的规则

第二天 早晨

陈老师，昨晚我看您的稿子看到半夜两点多，又想了一些新名字……

幸运降临的那一刻，我突然领悟：

背后抱怨，不过是我在推卸责任。我早该主动提出要求。

后来，我开始时刻审视自己，更多地坚持自己的意愿。

敢于表达自己后，才发现那么多人愿意理解我。谢谢温柔的世界。

自己的想法，自己不认真对待，别人又怎么会重视呢？
通过"行为测验"，渐渐地，我内心的假设松动了。

检验人生假设，就像一次旅行。

我们探索自己的内心地图，发现内心的假设。然后做些不一样的事，打破假设的界限，不断检验、测验，向外迈出步子。

这是一次深刻而充满意义的旅行。
因为——

在途中，你会发现一个不一样的自己。

Chapter 6

小步子原理：
迈出改变的第一步

还记得第二章我们说过的"情感的大象"和"理智的骑象人"吗？

感性自我

理性自我

当我们想改变时，骑象人会指挥大象——

可有时，大象会忽悠骑象人——

出发，向着目标！

改变没必要，也不可能……

没错，情感会引诱、恐吓理智，使我们停留在"心理舒适区"，无法做出改变。

怎么办？

我们可以先迈出非常小的一步。

Chapter 6　小步子原理：迈出改变的第一步

行为改变的第二个原则叫"小步子原理"。
在改变的路上迈出小小的一步，获得一次小小的成功。

这么小一步，真的有用吗？

"小成功"能让情感大象体会到改变的好处。

生活充满希望！
改变是可能的！

大象相信改变有可能的话，会更愿意不断迈开步伐。

一、二、一、二……

关键问题来了：怎么让情感大象迈开"第一小步"？

理直气壮爱自己（上）

今天的来访者，即将大学毕业的阿哲，正面临有关"第一小步"的问题……

毕业明明是最要紧的时候，但……

又不去上课？你这样会无法毕业的！

我……

可阿哲并不是一直这样。相反，他原本是个非常积极的人。

看，别人家的阿哲！

妈，等我毕业，你就不用这么累了……

我怎么成了今天这样无可救药的人。

他心里的大象畏惧压力，逐渐对改变失去信心，一步难迈。

Chapter 6　小步子原理：迈出改变的第一步

我想，是时候用上"奇迹提问"了。

假如奇迹出现，你顺利毕业了……

这没意义。

没关系，只是想想。

为了避免失望，他宁愿不要希望。但我的坚持说服了他。

我可能会在老家省会找份工作……

也可能会回高中母校当老师……

再想想，如果你已经达成目标，回头看来时的路……

你迈出的第一步是？

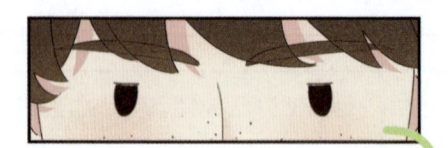

我……

我至少得先按时去食堂吃饭。

Chapter 6 小步子原理：迈出改变的第一步

"奇迹提问"是心理治疗中常用的一种提问方式。它看似简单，其实内藏玄机。一般情况下——

向后看　现在　向前看
方法和路径　　　　困难

当我们使用"假如奇迹发生"时，大象就会跳到一个理想的未来——

原来可以这样！

方法和路径

过去　奇迹　未来

看，大象不再关注困难，而是开始思考——"奇迹"是怎么发生的。

这就是改变的"第一小步"。

对了,改变的"第一小步",是根据"心理免疫的X光片"来选择的。

心理免疫的"X光片"　姓名:阿哲

内心的重大假设: 出门会碰到熟人,被熟人问起学业问题,会感到无地自容。

仅仅是按时去食堂吃饭,这是阿哲有信心做到的事。奇迹提问带来了改变的第一小步。

Chapter 6　小步子原理：迈出改变的第一步

当阿哲小心翼翼地迈出"第一小步"时，遇到了一个同学……

最近忙啥呢？

我……我在补毕业的学分。

我正在备考，正巧缺个伴，一起呗？

之后，两个人约着一起吃早饭，一起上自习，阿哲的状态慢慢好了起来。

用"奇迹提问"找到并踏出"第一小步",这个策略就叫"小步子原理"。

小步子原理·误区一

要不是遇到了同学,"第一小步"不就没用了吗?

不过是运气好,和方法没关系。

可"小步子原理"的目的,不是获得结果,而是有所行动。

"努力控制你所能控制的事情,并接纳你不能控制的事情。"

——古希腊斯多葛学派

非要先保证成功,才去做一件事,你就陷入了无法行动和改变的思维模式。

Chapter 6 小步子原理：迈出改变的第一步

小步子原理·误区二

万一同学嘲笑了阿哲，"第一小步"不就是在帮倒忙吗？

被打击才是常态，很容易一蹶不振的！

我其实认真想过这个问题，如果它真的发生了，那么——

一切远没那么糟糕，只要我们能转移关注点。

你说得对，嘲笑并没那么可怕。

思考未来——巨大的任务

专注眼前——能做的"第一小步"

理直气壮爱自己（上）

用我很喜欢的一个故事来收尾吧。

一天，老和尚带着小和尚化缘归来，才走到山脚下，天已经黑了。

师父，天这么黑，路这么远，悬崖峭壁的，还有怪兽……

只有这一点点光，怎么才能回去啊？

看脚下。

Chapter 6　小步子原理：迈出改变的第一步

朝着目的地，迈出第一小步，
也许有一天回头，你会发现——

走着走着，已经走出去很远了。

Chapter 7

培养"环境场":
让新行为变成新习惯

Chapter 7　培养"环境场"：让新行为变成新习惯

"小步子原理"让我们迈出了第一步，但这并不意味着我们能坚持到最后。

环境和关系的细微变化，都可能影响到改变能否持续。

回去吧~

那么，怎样把"新经验"凝固成长久的习惯，不再退回到心理舒适区呢？

我们来看看行为改变的第三个原则：培养"环境场"。

理直气壮爱自己（上）

我第一次意识到"场"的力量，是在一次正念培训上。

你能想象吗？
来自全球各地、各行各业的人席地而坐，全场一片肃静。

每天六点起床，九点下课，多数时间在闷头坐禅。

只有主办者卡巴金摇响铜铃，大家才会站起来走一走。

场外人看来俨然"僵尸入侵"的画面，场内人只觉得再自然不过。

一种神秘的感召力，将所有人联结到了一起。
这就是"场"的力量。

Chapter 7　培养"环境场":让新行为变成新习惯

"场"是包含大量"行为线索"的环境。
这些"行为线索"能激发特定的行为。

身处卧室,会想睡觉。

在办公室,会想工作。

到了餐厅,会想吃饭。

在卡巴金的"场"里,静默、席地而坐、偶尔唤醒我们的铜铃声,都是"行为线索"。

这些"行为线索"来自两方面:行为的历史和他人的反应。

| 理直气壮爱自己（上）

为什么"场"能有这么神奇的影响力？
有请我们的老朋友为大家说明一下。

感性自我

理性自我

情感的大象对"场"很敏感。
它会比理智先读懂"场"所暗示的"行为线索"，并依此来办事。

环境中包含的"行为线索"越多，
"场"的力量就越大。

"场"的力量差异还会影响我们的自控力。

在自习室，我们沉默专注。

在咖啡厅，我们很难不走神。

今天的来访者小嘉就遇到了"场"的困扰。
工作竞争激烈,她制订了很多学习计划,却总是半途而废。

小嘉下班后的典型情境是这样的:

下班回家,她一般会先吃饭,顺便刷剧。

配饭看完一集后,忍不住又一集集看不去。

觉得一天又白费了,心里空空的她忍不住熬夜,于是恶性循环。

明明我不想这样,为什么就是日复一日、没法改变呢?

短暂快乐后的空虚让小嘉难以认可自己,陷入了恶性循环。

我把生活中的乐趣分成了两种："消费型快乐"和"创造型快乐"。

【消费型快乐】
消费他人创造的产品，满足表面的感官刺激和生物性需要。

【创造型快乐】
发挥才能创造自己的产品，拥有深刻的成就感，感到自己变得更好了。

"消费型快乐"是感官的快乐，"创造型快乐"是理智的快乐。

看，理智的骑象人通常很难拉住情感的大象。
所以，小嘉明明想追求"创造型快乐"，却陷入"消费型快乐"的循环。

要说服大象选择"创造型快乐"，就得创造学习、工作氛围浓厚的"场"。

Chapter 7 培养"环境场":让新行为变成新习惯

"场",是我们心中关于空间功能的假设。

『工作』的假设空间……

『娱乐』的假设空间……

一个人到了"工作"的假设空间,自然容易开始工作。

在"娱乐"的假设空间,再怎么挣扎,也未必能开始工作。

明白了这些,我们便能迎合这些假设空间,创造所需的"场"。

要创造"场",我们得从"场"的力量来源着手。

第一个力量来源是:
别人在这个空间里的行为。

所有人整齐划一的空间环境,无形中在暗示我们加入其中。

第二个力量来源是:
我们曾在某个空间里的行为。

我们选择在特定的空间反复做某件事以形成习惯。

习惯形成稳定的心理预期,稳定的心理预期反过来又会巩固习惯。

一个人在某个空间里做的事情越纯粹、越持久,这个空间"场"的力量就越大。

Chapter 7　培养"环境场"：让新行为变成新习惯

听完这些后，小嘉开始在家培养自己学习的小小"环境场"。

"场"里贴着许多激励自己的话，像是"场"的边界和线索。

这个小小学习"场"的存在，会给小嘉强烈的心理暗示，帮助她行动起来。

随着小嘉对"场"的使用不断增多，"场"的力量也将越来越强。

"场"是环境记忆中，我们每个人的历史。

我们的奋斗

我们的挣扎

我们的骄傲

我们的灵光一现……

Chapter 7 培养"环境场":让新行为变成新习惯

当我们有意识地让一些事只发生在某个特定空间里,那么空间便有了记忆。

这个空间将成为激发和调动情感大象的"场",成为存储美好新经验的记忆宝盒。

Chapter 8

情感触动：
改变最重要的动力

Chapter 8　情感触动：改变最重要的动力

"知道很多道理，却依然过不好这一生。"这似乎成为了某种常态。

道理我都懂，但是……

可大多数情况下，人们说"道理我都懂"时，真实的想法其实是——

这些道理我不想听。

说话者把"道理"放在了离他很远、与他无关的位置上。为什么会这样？

也许，是时候谈谈行为改变的第四个原则"情感触动"了。

改变需要情感的触动，这是因为情感的大象力量太强，理智的骑象人拗不过它。

所以，得先用"情"让大象有所触动，好让它听得进去"理"。

大象驯服秘诀004：
动之以情，晓之以理

听话听话~

你说你说~

可是，大象既容易被焦虑、恐惧这类消极情感触动，也容易被爱、怜悯、同情、忠诚这类积极情感触动。

方案A

方案B

改变更需要哪种情感呢？

Chapter 8　情感触动：改变最重要的动力

生活中，人们更倾向于用消极情感触动大象。
因为焦虑和恐惧的力量强，最容易被激发和控制。

对他人，我们习惯用恐吓的方式来促成改变。

对自己，我们习惯用自责的方式施压，来促使自己进步。

可结果，我们往往一边内疚自责，一边拖延着不愿改变……

消极情感触动大象：失败

为什么内疚和自责的力量这么强，却难以真正令大象改变呢？

99

其实，我们想改变的"旧习惯"，往往正是为了应对焦虑和压力产生的。

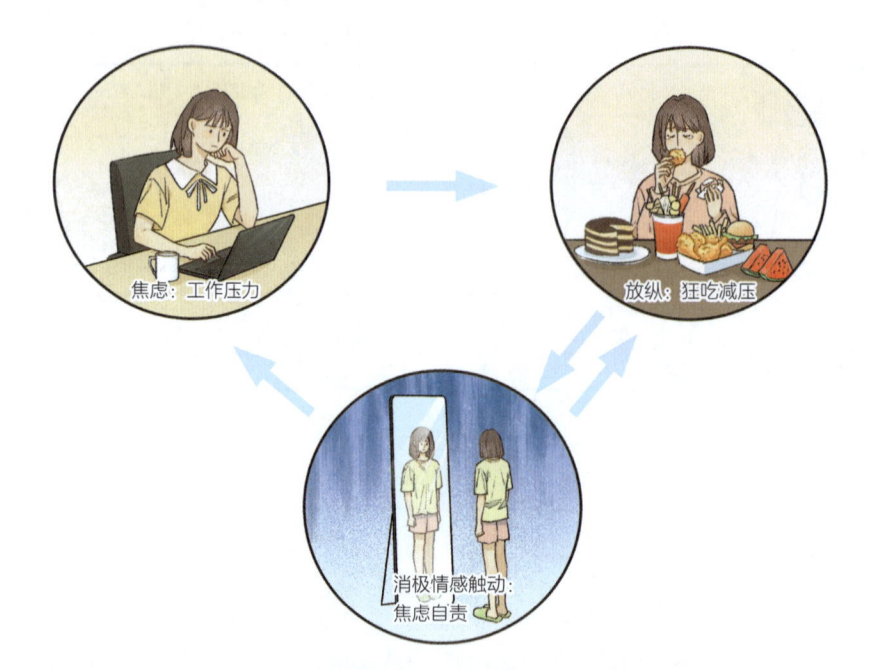

焦虑：工作压力

放纵：狂吃减压

消极情感触动：焦虑自责

越是内疚自责，焦虑和压力越大，便越容易重复"旧习惯"、放纵自己。

焦虑 → 更放纵 → 更焦虑 → 放纵

那些自我要求高的人，是怎么成功的呢？

Chapter 8 情感触动：改变最重要的动力

是时候结合我的经历来聊一聊了。
我读书时，导师常常批评我，这令我陷入自责和不满。

这里不对！

唉，怎么又犯错了……

原本就有极高的自我要求，在消极情绪的助推下，更是牢牢锁住了我内心的大象。

这非但没能激励我奋发向前，反倒令我心生恐惧。

直到有一天，我听说了导师的一桩往事。

在国外求学期间，导师师从著名的家庭治疗大师米纽庆。在导师的一次个案汇报之后，米纽庆让同学们提意见。欧美同学纷纷说好。

> 亚洲小女孩……
>
> 已经很不错了！
>
> 语言文化毕竟有差异

> 你们说她做得不错，其实是在说，她只能做到这样的程度。

萨尔瓦多·米纽庆
（Salvador Minuchin）

家庭治疗大师。

> 可实际上，她是我最好的学生之一。

听他这么一说，欧美的同学不服气，就开始纷纷给我提意见了。而我为了应付他们的意见，就要做更多准备，结果我的能力有了很大长进。

Chapter 8　情感触动：改变最重要的动力

为什么当时老师会那么说，她很久以后才知道答案。

原来，老师觉得她是非常有创意的一个学生，却总躲在移民身份的壳子里，对自己没有太多期待。

不服气。
凭什么！
其实很一般……

老师说我是最好的学生，让我接受批评，把我从壳里逼了出来。因为老师相信，我可以更好。

如果我只是表扬你,其实也是在说你只能做到这种程度了。批评你,是相信你可以做得更好。

那一瞬间,我心里的大象被触动了,我理解了老师的用意。从那天起,我对自己的要求提高了。

积极情感触动大象:成功

这份自我要求里,有导师对我的期待,也有我对导师的认同。批评,成了一种信任和期待。

Chapter 8　情感触动：改变最重要的动力

今天的来访者欧阳沉溺于自我谴责。
和名牌大学毕业的同事们相比，她总是在跟别人比较，担心自己落后，她总觉得自己在"混日子"。

人有很多面，最好不要这么简单作比较……

道理我都懂，可……

直到有一天，我们聊起她对竞争的焦虑从何而来。

小时候与两个同龄的小女孩一起学习、上辅导班，她们都漂亮、乖巧，而我长得一般，但我妈妈是争强好胜的人。

有次学钢琴，我表现特别差。妈妈很生气，然后……

妈妈，我错了，等等我……

那天很冷，我跟在车后面，边哭边追。
追了好久好久……

105

我终于明白，妈妈是坐镇指挥的执棋者，而我只是被迫卷入的棋子。

可你现在，正在逼迫自己卷入另一场棋局。

我……

欧阳心里的大象被触动了。她终于意识到：自我谴责并不是自己的需要，而是童年时妈妈的需要。

Chapter 8　情感触动：改变最重要的动力

别再参与这种愚蠢的游戏了。

欧阳拥有了对自己的爱和怜悯。
积极的自我理解，是驱动大象改变最重要的动力。

你在想起自己的时候，是带着厌恶和憎恨，还是爱和同情呢？

如果你还在自我折磨，那么，放下心底的棋局吧，不要让自己沦为过往的棋子。

大象也许听不懂你说的道理，但它能听懂爱。

只有爱，才会让它心甘情愿为你上路。

Chapter 9

第二序列改变：改变真的有效吗

Chapter 9　第二序列改变：改变真的有效吗

在这个时代，改变几乎成了"更好的生活"的代名词。

我要改变，冲啊！

我们期待改变发生，对改变心存向往。

跑不出去……

改变　　　改变

可"追求改变"有时会成为心理舒适区，让人看不到方向。

心理舒适区

因为，在追求改变的背后，隐藏着一个重要的心理状态：对现在的自己不满。

赢：获得行动力

感到不满的结果是？

输：被焦虑打败

| 理直气壮爱自己（上）

可是，这种不满既能转化成改变的动力，也能让我们陷入重复无效的焦虑迷茫。

我们已经谈论了很多改变的方法，也许是时候看看改变本身了。

今天的来访者小刘，很迷茫该如何改变。毕业三年，她换了五份工作。

一份工作做了半年，我就开始焦虑。

有个声音告诉我——这不是我想要的。

我想实现自我价值，可我的工作……

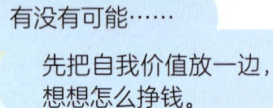

有没有可能……

先把自我价值放一边，想想怎么挣钱。

啊。

我当然不是要击碎小刘的奋斗梦想。
只是我发现：她一直在努力改变，但"有些东西"从没变过。

Chapter 9　第二序列改变：改变真的有效吗

心理学上认为，改变有两个层次：

小刘的工作 NO.1

小刘不停换工作，以应对焦虑 NO.2

一个是"内容的改变"，叫"第一序列改变"。

另一个是"应对方式的改变"，被称为"第二序列改变"。

看到了吗？小刘一直在变的是工作这个"内容"；而她真正需要改却没有变的是"应对方式"。

改变：问题形成和解决的原则

"正因为人们把改变停留在第一序列，导致改变本身不但没有解决问题，反而成了一个问题。"

——保罗·瓦茨拉维克
（Paul Watzlawick）

也许你对"第二序列改变"还有些陌生，我们再举个例子吧。

理直气壮爱自己（上）

我的朋友小张，曾一度近乎执拗地想要改掉自己的问题。

> 为什么学英语？
> 为什么读书？
> 为什么出国？
> 为什么？

> 我想那么多干嘛……

别人觉得天经地义的事，他总是刨根问底。

过度思考让他做选择时特别犹豫，他想改变。

> 你就是太犹豫了，你用自己的价值观给各个选项排序，不就容易选了吗？

> 你说得对！

> 等等？！我想得反而更多了！

> 这是种特别的才能。你会用理性思考来审视世界，这很好，你不用变。

> 不愧是我！

为什么妈妈鼓励小张改变，却没有效果，反倒是鼓励他不变的爸爸，促成了结果的改变呢？

Chapter 9　第二序列改变：改变真的有效吗

我们可以用"第二序列改变"简单分析：

第一序列改变

第二序列改变

妈妈的建议：
遇事想太多、做选择时犹豫 ✗
列出选择、选真心想要的 ✓

改变"内容"

爸爸的建议：
总想改变自己、烦恼思虑过多 ✗
认可思虑的价值、不用改变自己 ✓

改变"应对方式"

看，爸爸"不用改变"的建议，改变了小张"总想改变"的应对方式，反而真正解决了问题。

那么，"第二序列改变"究竟是怎么起作用的呢？这就得说到一个概念——"接纳自我"。

理直气壮爱自己(上)

什么是真正的"接纳自我"?很多人对这个概念存在误解。

误解1:认为"接纳自我"就是不改变。
事实上,"接纳自我"是一种很难的改变,难在忍受。

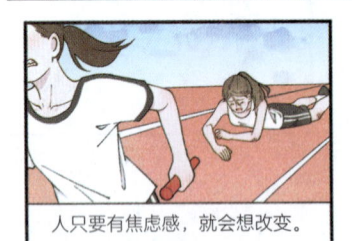

人只要有焦虑感,就会想改变。

可顺境、逆境都是人生常态。

有时候我们需要忍受不好的境遇,哪怕暂时看不到希望。

我们期望的,有时自然而然就会发生,盲目的改变反而会打乱事情发生的进程。

116

Chapter 9　第二序列改变：改变真的有效吗

误解 2：把"接纳自我"当作获取另一种好处的途径。

有时，我会听到来访者这样说——

> 我自己有很多问题，我很想接纳自己，但该怎么做呢?

这种说法意味着，他把"接纳自我"当作获得幸福、平静和快乐的手段。

我想要努力"接纳自我"！

我想通过"接纳自我"，让自己变好。

这在本质上还是追求改变。
"接纳自我"不是追求，而是舍弃。

舍弃对生活的过度控制，对"完美自我"和"完美世界"的幻想和执念。

说到舍弃执念，心理治疗领域有个著名的"森田疗法"。
它的核心理念就是带着问题生存、为所当为。

森田正马

心理学家，森田疗法创始人。

"一个人不要纠结于自己的问题，只把它当作生存的常态，转而专注自己真正想做的事情。"

——《森田疗法》节选大意

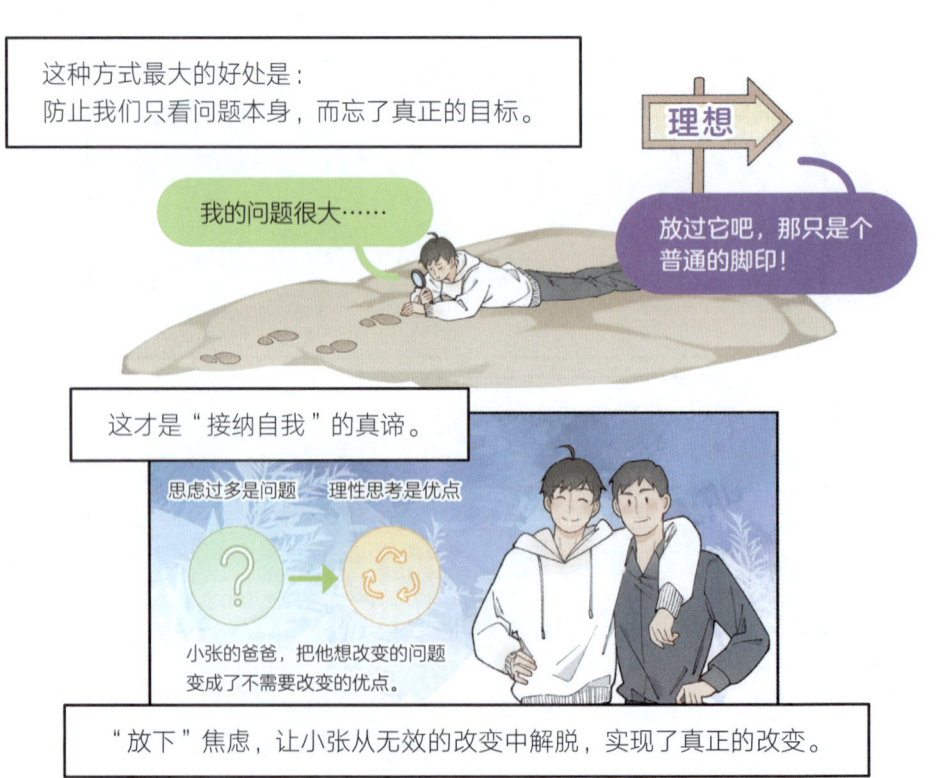

这种方式最大的好处是：
防止我们只看问题本身，而忘了真正的目标。

> 理想

> 我的问题很大……

> 放过它吧，那只是个普通的脚印！

这才是"接纳自我"的真谛。

思虑过多是问题 → 理性思考是优点

小张的爸爸，把他想改变的问题变成了不需要改变的优点。

"放下"焦虑，让小张从无效的改变中解脱，实现了真正的改变。

Chapter 9 　第二序列改变：改变真的有效吗

那么，什么时候该追求改变，什么时候该接纳自我？
什么时候改变有用，什么时候改变会导致问题呢？

A. 追求改变　　　　B. 接纳自我

简单的标准，就是看改变的结果。

状况改善 ✓　　　状况恶化 ✗

通常，无效的改变会维持症状，形成一种恶性循环。

来访者小刘的案例告诉我们，做足积累，才能实现自我价值。

到底要不要换工作？

半年　半年　半年　半年

如果你想要改变，不妨先问自己两个问题：

第一：你遇到的是生活的不如意，还是需要改变的问题？

为什么学英语？
为什么读书？
为什么出国？

这个世界不是按我们的想法设计的，我们会遇到各种挫折。

我希望你能明白：
这些都不是问题，而是生活的常态。

第二：你想要改变的努力，有没有打断自然发展的历程？

花开花落，人生成长，
都有其自然积累、发展的过程。

不要为了焦虑而选择改变，等待峰回路转，也许就会柳暗花明。

To 陈：
舍弃执念，
接纳自我。

不断积累，谨慎改变。

接纳自己，就是最大的改变。

Chapter *10*

心智模式：
组织和加工世界的方式

Chapter 10 心智模式：组织和加工世界的方式

> 人要获得持续的发展，不仅需要"行为"的改变，还离不开"心智模式"的有效运转。

什么是"心智模式"呢？

"人不是被事物本身困扰，而是被他们关于事物的意见困扰。"

——古希腊哲学家 爱比克泰德 (Epictetus)

就像爱比克泰德说的，人们看待事物的方式，其实就是人的"心智模式"。比如：

乐观 or 悲观？

从外找原因 or 从内找原因

关注问题 or 关注解法

"心智模式"，是我们头脑中惯有的组织和加工世界的方式。

那么,"心智模式"到底是怎样影响我们的呢？

心智模式的第一个作用是,塑造我们的经验,影响我们的情绪。

只有半杯水了……

还有半杯水耶!

同样的半杯水,有人焦虑,有人开心。

可见,"心智模式"让我们对同样的事情做出不同的解读,产生不同的情绪。

那么,让人感觉良好的心智模式,就是好的吗？

当然不是。

赵老爷的儿子中举啦!

除了我们赵家还有谁?

真是新鲜事,阿Q也姓赵。

鲁迅笔下的阿Q永远自我感觉良好,但那只是他自我安慰的结果。他并没有中举的亲戚。

显然,罔顾事实的自我安慰没什么意义,所以,好的心智模式还必须有另一个作用。

Chapter 10 心智模式：组织和加工世界的方式

心智模式的第二个作用是，引发行动。

① 我要征服高山！

② 好美！下次要挑战更高的！

① 好难啊，我办得到吗……

② 搞砸了，就知道我不行的……

看，积极思维更容易获得成功，建立积极循环；而消极思维往往带来拖延，导致消极循环。

就连人际交往也是一样：

对第一印象好的人，主动接近之后，你往往发现 Ta 真的不错。

对第一印象差的人，挑剔排斥过后，你更加确信这人真的不行。

如果你的"心智模式"不能引发有效的行动，就算感觉再好，那也只是一种安慰和欺骗。

研究依恋的心理学家詹姆斯·鲍德温发现：
一个人最初的安全感主要来自人际关系，尤其是和母亲的依恋关系。

詹姆斯·鲍德温
(James Baldwin)

美国心理学家。以"心理哲学"的传统为其思想基础。代表作有《儿童与种族的心理发展》《心理发展中社会和道德的发展》。

他认为：如果母亲给了孩子足够的接纳和肯定，孩子会更可能发展出"成长型心智模式"。

察觉到了吗？"心智模式"主要有两类：第一类是积极的"成长型心智模式"。

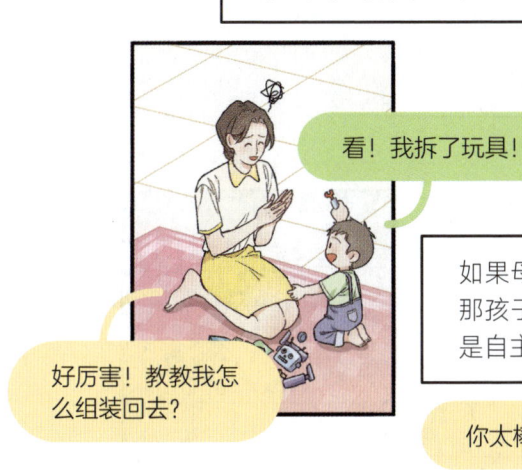

看！我拆了玩具！

好厉害！教教我怎么组装回去？

如果母亲给予孩子足够的接纳和肯定，那孩子发展出来的探索世界的本能，就是自主自发的。

你太棒了！

下次给你看更厉害的！

他们不怕母亲因为挫折而嫌弃自己，而是努力解决问题，把限制和困难当作有趣的挑战。

随着能力的成长和自信的建立，孩子更容易自主获得安全感，开启"成长型心智模式"的正向循环。

第二类"心智模式"是消极的"防御型心智模式"。

如果孩子的安全感没有得到满足，他行动的目的会变成想方设法回避伤害。

妈妈，我考了95分。

是不是有人比你考得好？

还有5分哪里去了？

孩子更可能被脑海中"应该如此"的概念驱使着行动，以至于看不到现实发生的变化。

太在意别人的评价，让他们容易失去行为的自主性，由此陷入不断寻求安全感的消极循环，形成"防御型心智模式"。

Chapter 10 心智模式：组织和加工世界的方式

> 但不要担心，即使童年没能获得健康的关系滋养，
> 也并不意味着"防御型心智模式"无可救药。

> 我们可以通过学习和训练，发展出一种能够容纳变化的思维方式。
> 这才是自我发展之道。

Chapter 11
僵固型思维：
活在别人的评价中

很多人觉得，能力可以预测出一个人未来是否成功，他们设计了很多测试，想找出能力强的人。

这些测试默认人的能力是相对固定的，**生活却告诉我们，一时的能力并不代表一切。**

有时候，怎么看待能力，比能力本身更重要。

这就涉及"防御型心智模式"中的第一种：僵固型思维。

今天的来访者豆子从县城考入名牌大学。
被寄予厚望的他却在一次平常的挂科后,放弃了努力。

考试不想考,整天瘫在宿舍……
没有了行动的力气……

很多人都挂过科,为什么对你影响这么大?

我认为自己终于被打回原形了。

豆子代表了相当一部分人。他们很聪明,却容易因为一点点挫折而一蹶不振。

这些学生的"自我"太重了。
他们总背着"证明自己"的包袱,维持着"脆弱的高自尊"。

在肯定和赞美中成长的他们,为什么一遇到挫折,就变得如此脆弱?
答案就在于僵固型思维。

Chapter 11 僵固型思维：活在别人的评价中

为了解释僵固型思维的特点，我们来看看卡罗尔·德韦克教授的实验。

德韦克给上百个孩子安排了10道同样的智力测验题，然后用不同的方式夸奖孩子。

哇，你做对了8道题，太聪明了！

哇，你做对了8道题，你一定很努力！

按照常理，被夸的孩子们应该同样积极才对，可接下来的事情却让人大跌眼镜。

被夸聪明的孩子开始逃避更难的题，一旦考不好，便失去了信心。

四成左右被夸聪明的孩子，因害怕而虚报了成绩。

我98分……

相反，被夸奖努力的孩子越挫越勇，表现得越来越好。

正确+1
正确+1
正确+1
正确+1
正确+1

怎么会这样？夸赞孩子聪明，反而让他们在挫折面前更容易失去信心！

表扬聪明和表扬努力，为什么结果差这么多？
因为它们激发了孩子不同的心智模式。

表扬聪明暗示孩子：能力是相对固定的，解题只是验证你是否聪明。

一旦孩子认为"能力是相对固定的"，被夸聪明的他们，就会努力保持聪明的形象。

这让孩子们把注意力从挑战任务本身转移到对自我的关注上来，这就是僵固型思维的特点。

表扬努力暗示着：能力是可变的，是能通过努力不断提升的。

既然"能力是可变的"，孩子们没有了要"证明自己"的包袱，自然就会专注努力。

表扬努力，则让孩子拥有了提升能力的自信，同时也激励孩子面对挑战，培养起成长型思维。

Chapter 11 僵固型思维：活在别人的评价中

"僵固型思维"和"成长型思维"的分歧点在哪儿？
我们不妨再看看下面这个案例。

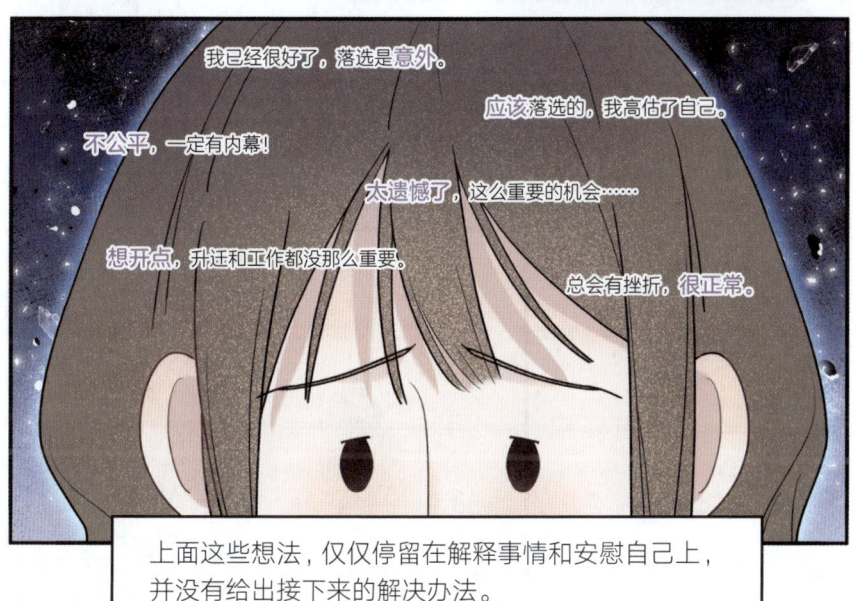

连续五年优秀员工

我的朋友小萍，最近获得了升职的面试机会。

作为被所有人看好的晋升人选，她最后却落选了。

我已经很好了，落选是意外。

应该落选的，我高估了自己。

不公平，一定有内幕！

太遗憾了，这么重要的机会……

想开点，升迁和工作都没那么重要。

总会有挫折，很正常。

上面这些想法，仅仅停留在解释事情和安慰自己上，并没有给出接下来的解决办法。

135

理直气壮爱自己(上)

虽然她也向我吐槽。

> 想不通,晋升的居然不是我!
> 朋友,这太不公平了!!!

我们语音?

语音通话16:53

> 睡不着。不然我干脆离职吧?

但我第二天去她公司看她时,却发现她已经风风火火地投入工作了。

好,要加快进度……

你怎么来了!

我以为你会很难过。

Chapter 11 僵固型思维：活在别人的评价中

当然，可是昨天已经发泄过了，工作还要继续啊！

这，就是成长型思维。

发现了吗？僵固型思维和成长型思维的重要区别，就是让事情"就此停止"还是"更进一步"。

僵固型思维		成长型思维
放弃	← 面对挑战时 →	迎接
可耻	← 对努力的看法 →	光荣
负面评价	← 如何看待批评 →	改进反馈
自己的失败	← 如何看待他人的成功 →	学习的对象

Chapter 11 僵固型思维：活在别人的评价中

相信"能力会相对固定"的人，往往会回避挑战带来的焦虑。他们很难专注于发展，容易让事情"就此停止"。

坚持一下！

我不行的……

僵固型思维的本质是一种防御心态。它过分在意"强者假象"，忽略实际做事，很容易妨碍学习和进步。

到底要怎么克服僵固型思维呢？
也许，是时候请出我的老师了。

理直气壮爱自己（上）

第一次接受老师指导时，我处理的是一对夫妻的个案。
当事人的愤怒，令我久久不能释怀。

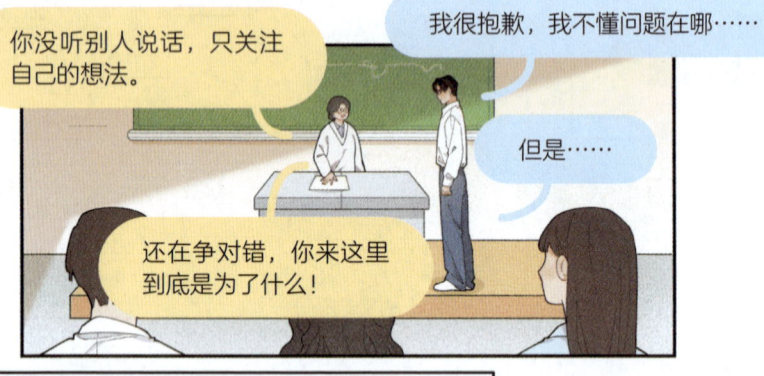

> 就你这水平，做什么心理咨询！

> 我很抱歉，我不懂问题在哪……

> 你没听别人说话，只关注自己的想法。

> 但是……

> 还在争对错，你来这里到底是为了什么！

课堂上的屈辱过后，是痛定思痛。
回忆起来上课的初心后，我明白了问题所在：

> 作为心理咨询师，我竟然满脑子只害怕自己没做好。

我把"自我"看得太重，忽略了对来访者的关注，
我陷入了僵固型思维。

Chapter 11 僵固型思维：活在别人的评价中

为了克服僵固型思维，我决定以新的姿态面对老师，却没想到又被老师上了一课。

想清楚了？

我不是来争对错，是来学技能的。

我之所以那么对你，是因为难受更能让你记住知识。毕竟——

学技能是过脑，而不是过心。

把批评当作对技能的反馈，而不是对自我的评价。
把"自我"放下，才能让新的东西进来，真正走出僵固型思维。

把批评当反馈是很难的。
我们本能地期望得到保护,哪怕名为"自我"的茧已经阻碍到成长。

我们太在意自己聪不聪明了。
可聪明不是一个能力标签,而是我们如何与世界互动的结果。

如果总害怕失败,过分关注自我,我们会避开挑战,错失成长的机会。

但要是积极应对世界提出的挑战。我们的能力会提升,自我也会更加丰富。

所以,放弃僵化的自我评价,不要停止和世界的真实互动,更不要太执着于自我。

你是一个什么样的人根本不重要,
你怎么跟世界互动才重要。

Chapter 12
对世界的应该思维：
　　消极情绪是如何产生的

Chapter 12 对世界的应该思维：消极情绪是如何产生的

你是否曾有过这样的想法？想要改变现实，让它听自己的话。

我是妈妈，应该听我的！

我应该能上更好的大学……

三本录取线

如果现实没有按照脑海里的假设来运转，我们就恨不得像神话里"铁床匪"一样，用锯子狠狠改造它。

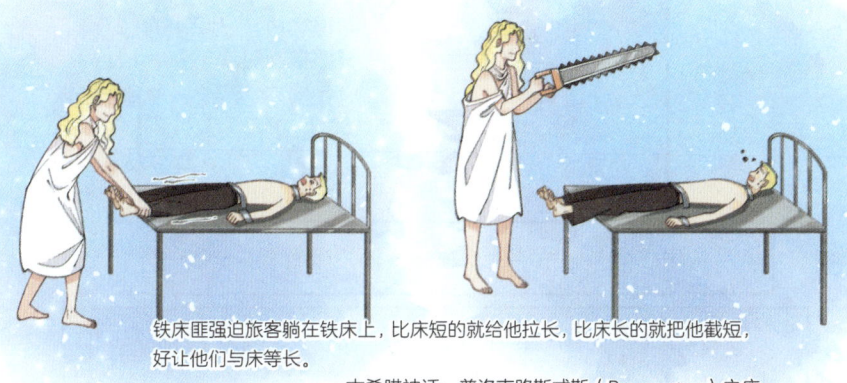

铁床匪强迫旅客躺在铁床上，比床短的就给他拉长，比床长的就把他截短，好让他们与床等长。
——古希腊神话：普洛克路斯忒斯（Procrustes）之床

这就是防御型心智模式的第二种："应该思维"。

"应该思维"的本质，在于不去认识真实的世界，反而试图让世界按照我们脑海中的规则运转。

当世界不符合脑海中的规则时，"应该思维"让我们表现出怨恨、愤怒、焦虑或沮丧。

现实应该是我想的那样才对！

"应该思维"分两种，现在，我们先来看看第一种——

【卖家秀】　　　　　　　　　　　【买家秀】

对世界和他人的"应该思维"。

Chapter 12 对世界的应该思维：消极情绪是如何产生的

今天的第一位来访者是位母亲，她叫阿芬。
阿芬总嫌儿子不懂事，想知道怎么让儿子听话。

那你想要什么样的儿子？

我儿子，应该聪明、懂事！

一叫你，你就该起床！

越管你，你越不听话！

阿芬的苦恼背后，就有"孩子应该怎样"的"应该思维"。

她越是放不下这种"应该"，就越处理不好现实问题。

阿芬的烦恼，就是对世界和他人的"应该思维"。

| 理直气壮爱自己（上）

另一位来访者小何同样陷入"应该思维"中，他的烦恼来自职场焦虑。

请问……

小何在公司遇到了刁难，他决心要超越对方。

你连这个都要人教吗？

可从此，这位同事一有成就，小何便敏感脆弱起来。

小何的脑海中，也存在着"应该思维"。

第一个应该

他认为大家都该友善待人，可同事没有这么做。

第二个应该

他认为应该战胜不友善的同事，证明自己的正确。

同样是对世界和他人的"应该思维"，小何的烦恼似乎比阿芬的更加复杂。

Chapter 12 对世界的应该思维：消极情绪是如何产生的

小何在脑海中创建的这组"应该思维"，好似一个励志故事的范本：

好人凭借不懈努力战胜坏人，得到了众人认可。

当现实不符合这个故事范本时，小何就会焦虑。因为他脑海里，两种"应该思维"正在相互强化。

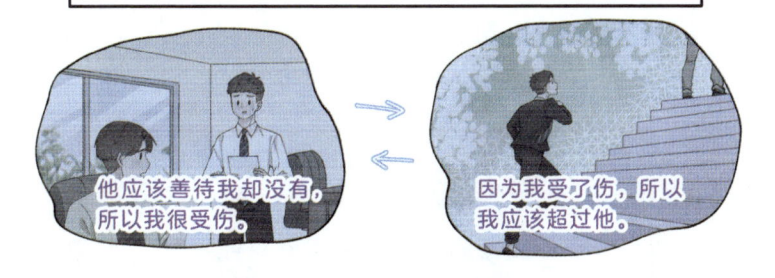

他应该善待我却没有，所以我很受伤。

因为我受了伤，所以我应该超过他。

看，你把职业目标定在了跟同事竞争上，彻底跑偏了。

可我就是想超过他，有错吗？

我的确存在"应该思维"……

理直气壮爱自己（上）

"应该思维"和愿望的区别 01

其实，无论是阿芬想让孩子变乖，还是小何想超过同事，他们的愿望都完全合理。

人如果没有梦想，和咸鱼有什么区别！

可是，"应该思维"和愿望有一个最根本的区别，就是能不能容忍现实和愿望不一致。

我要让他符合期望！

可这个年龄段的孩子，就是会拖拉……

肯定有办法的，他必须改！

他们的愿望已经超越了现实。可我们得先承认现实，才有可能改变现实。

Chapter 4 心理免疫的 X 光片：看清心中的恐惧

"应该思维"和愿望的区别 02

"应该思维"和愿望还有一个重要区别：我们是否具备自主性。

当我们想做一件事的时候，我们是愿望的主人，支配着愿望。

他强由他强……

就算愿望落空，小何也有其他办法。

可是当我们陷入"应该思维"时，我们只能服从于它的规则，失去了自主性。

我没有办法……

小何错把超过同事当成了唯一的解决之路。

理直气壮爱自己（上）

小何听我说着"愿望"和"应该"的区别。

让他善待我或者我能超越他，是我的愿望，而非必须做的事。

也许你该多找些论点，支持自己的选择。

为什么超越同事，不是我必须做到的事

① 我的价值不需要他肯定；
② 即使没超过他，我也有进步；
……

慢慢地，小何从"应该思维"中解脱出来，焦虑也逐渐缓解了。

Chapter 12 对世界的应该思维：消极情绪是如何产生的

自主选择是否实现愿望，确实能缓解焦虑，可动力也没了呀！

去除"应该思维"，利远大于弊。

首先，"应该思维"假定我们的内在愿望能左右现实结果。这不符合逻辑，容易导致失望，削弱我们的行动力。

决心和愿望是个人内在的。

行动的外在结果是不能保证的。

其次，一个人把决心看成愿望而非必需的目标，会让他做事更灵活，增加成功的可能。

越接受现实，反而越能利用现实、实现愿望。

世界不是围绕着我们来设计的，人生就是会有很多苦难和不如意。

区分愿望和现实，是我们每个人成长的必修课。

如果你坚持追逐心中的设想，和世界较劲，那么就很可能陷入防御型心智模式，被困在原地。

放下"应该思维",别让我们对这个世界的期待沦为自我发展的阻碍。

Chapter 13

对自己的应该思维：
我们为何无法接纳自我

除了世界和他人给我们设立外在的规则束缚，我们还会在心里对自己执行"暴政"。

今天的咨询者大飞，正处在自我的"暴政"统治之中。

比如我为什么不如她，她升职了，为什么我没有？

他买房买车了，为什么我没有？

他/她找了个好老婆好老公，为什么我没有？

每一个"我应该如何如何"的想法背后,都存在着一个压迫性的"应该自我"。

快去健身!

让我歇着——

看,大飞身体里的"应该自我"正压迫另一个"自我"做不情愿的事。

为什么不能放过自己?!

无论愿不愿意,都应该全力以赴!

"应该自我"看似正确,但仔细想想,它说的真的合理吗?

难道我不该努力吗?

重点在于,不要把"应该"强加于自己。

把自己框在"应该怎样"的设想里,其实是一种偏见。为了更好地解释这点,我们再看一个案例。

Chapter 13 对自己的应该思维：我们为何无法接纳自我

紧张踏实的学习，令小慧倍感快乐。

可一旦效率变低，她就开始责怪自己。

我的朋友小慧在 28 岁幡然醒悟，认为自己"应该努力"，她开始了苦行僧一般的生活。

努力是对的，可我真的好累……

小慧的"应该自我"说：努力总是对的。
她开始追求"努力的状态"，想模仿那些努力的成功者。

可那些成功者一心只有目标，他们并不怎么关心自己的努力。
小慧跟着"应该自我"盲目努力，却偏偏忽略了自己的内心。

159

难道我不该追求更好的自己吗?

当然不是。

问题的关键在于:我们把"更好"的标准,交给哪一个自我来判断。

内心的自我 VS 外在规则的"应该自我"

如果跟随"应该自我"行动,我们的自主性会被消解,原本自发的行动也会沦为"按规则办事"。

应该

通过　通过

正是"应该自我"的"暴政",让我们受困于"对自己的应该思维",陷入痛苦和焦虑中。

为了满足"应该思维"设定的规则，人们常常不断"努力"，却屡战屡败。

大飞的博客日记

【7月4日 新开这篇 blog，办了健身卡！明天开始打卡！】
【7月5日 健身失败的一天。】
【7月14日 休息。】
【7月15日 休息。】
【7月16日 调整了计划，重新振作！】
【7月17日 休息。】

"应该思维"的本质是用社会规则、他人期待或者文化习俗，代替自发的行动。

这种情况下的"自愿努力"，不过是按外在标准办事，是一场名为"努力"的模仿秀。

表演项目：努力

他们好努力啊！

努力真好，我也想努力！

"应该思维"只模仿他人行动，并不发自内心。这会导致一些严重的后果。

"应该思维"的第一个后果,就是阻碍真情实感的表达。

当某个行为出于"应该如此"时,它就容易偏离事情的本质,变成强迫性的自我要求。

"努力会变成对努力的模仿,爱情会变成对爱情的模仿,感动也会变成对感动的模仿。"

"自我"甚至来不及形成,就已经被外在的"应该规则"替代。

糟糕的是,这种模仿不是简单地隐藏想法,而是在我们没意识到自己的想法前,就已经发生了。

习惯屈从于"应该思维"后,就算内心隐隐有着分裂感,我们也很难觉察到自己真正想要什么。

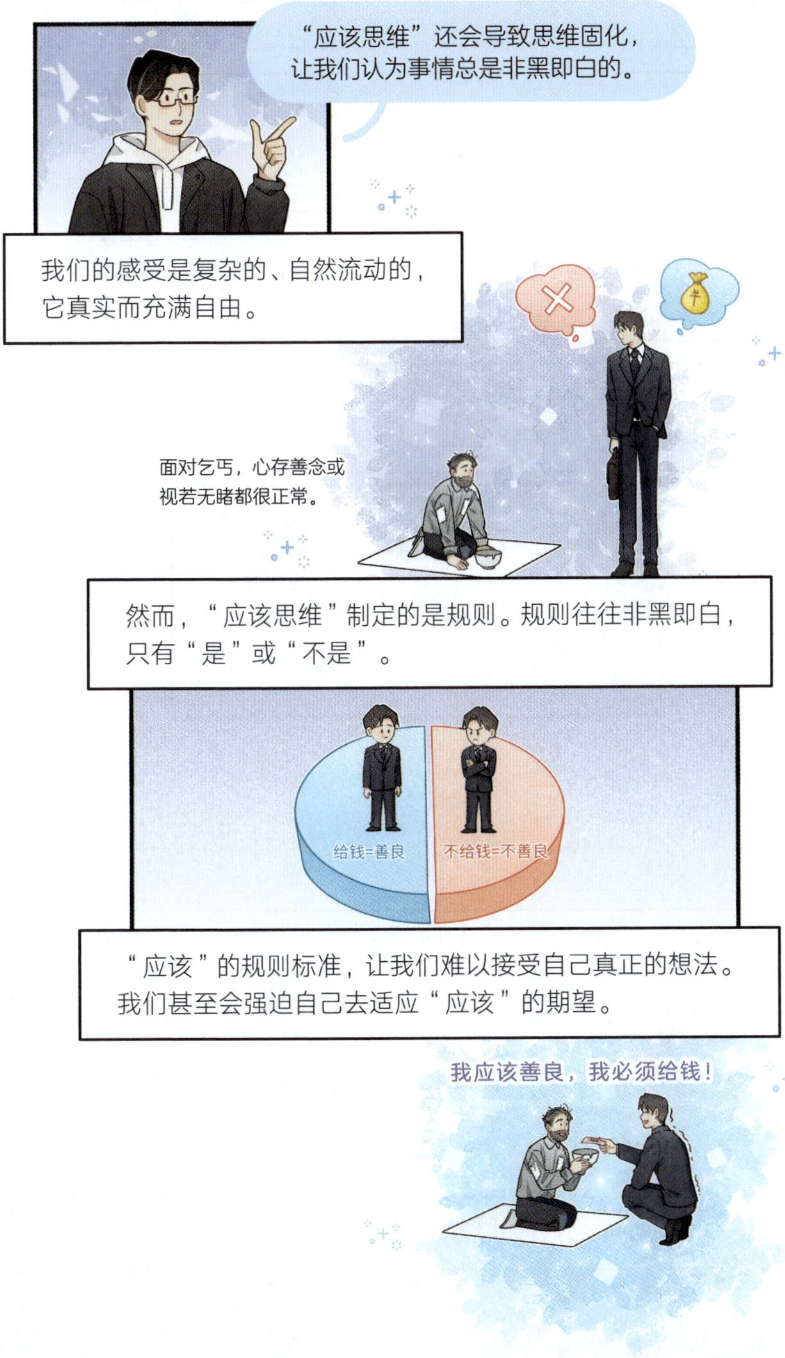

Chapter 13 对自己的应该思维：我们为何无法接纳自我

"应该思维"还会导致思维固化，让我们认为事情总是非黑即白的。

我们的感受是复杂的、自然流动的，它真实而充满自由。

面对乞丐，心存善念或视若无睹都很正常。

然而，"应该思维"制定的是规则。规则往往非黑即白，只有"是"或"不是"。

给钱=善良　　不给钱=不善良

"应该"的规则标准，让我们难以接受自己真正的想法。我们甚至会强迫自己去适应"应该"的期望。

我应该善良，我必须给钱！

为什么我们会陷入"应该思维",甚至让它成为理所当然呢?

卡伦·霍妮
(Karen Horney)

医学博士,德裔美国心理学家和精神病学家,精神分析学说中新弗洛伊德主义的主要代表人物。

心理学家卡伦·霍妮认为:
人们总在寻找被外界喜爱的标准,妄图创造一个"理想自我"。

这个"理想自我"十分完美,由很多的"应该"打造而成。

应该努力
应该拥有爱情
应该优秀
应该聪明

我不该消极
我不该拖延
我不该生气
……

这样一来,人们就被这些规则支配,成了"应该思维"的提线木偶。

要逃离"应该思维"的"暴政",我们必须先找回那些模糊而真实的感觉。

我们得意识到外在规则如何影响自己,并独立做出选择。

然而,要做到这点并不容易。因为"应该"背后,不仅仅只有规则。

在家听爸妈的,在学校听老师的!进了社会,也有社会的规则!

有时候,找回自我意味着勇敢面对自己,哪怕真实的想法和感受与他人不同。

别忘了——

人，生而自由。

Chapter 14

绝对化思维：
人为什么会陷入悲观主义

你知道狗为什么会抑郁吗？这个实验源自积极心理学之父马丁·塞利格曼。

马丁·塞利格曼
（Martin Seligman）

美国心理学家，积极心理学创始人之一。1998年当选为美国心理学会主席。

他让 A、B 两只笼子里的狗，遭受同样强度的电击。

A 笼安设电源开关，狗很快学会了断电。

而在 B 笼，狗再努力也找不到开关，只能等 A 笼的狗断电。

接着，塞利格曼把两群狗放到通电的 C 笼子里。
C 笼子没有电源开关，但栏杆不高，一只普通的狗可以轻松跳出去。

结果——

A 笼的狗没有找到开关，但很快学会了跳出笼子。
B 笼的狗却一动不动，放弃了挣扎。

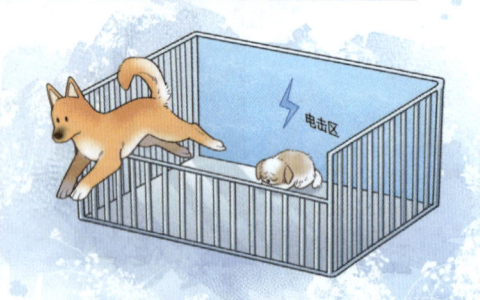

B 狗的表现就是"习得性无助"，源自某种防御型心智模式——绝对化思维。

Chapter 14　绝对化思维：人为什么会陷入悲观主义

我们常觉得"做什么都没用了"，这就是一种"绝对化思维"，与人类的抽象思维能力有关。

再好好跟你女朋友解释下吧。

没用了，无论我做什么，她都不会回到我身边了……

抽象思维能总结规律，提高人类的生存率。

绝对化思维则是用抽象思维处理伤害，令伤害抽象化，成为雷区。

每当遭遇痛苦，我们就在心里埋一颗"情绪地雷"。为了避免受伤，我们从此远离一切雷区。

但盲目设置雷区会导致严重的后果。
比如，刚毕业的小杨进入了高压的办公室环境。

他加班不断，但仅半年后就被开除了……

这种境遇可能让小杨的想法发生如下变化——

换家公司就好了~

我可以去别的行当。

A. 这家公司很可怕（正常反应）

B. 创业型公司很可怕（轻微受伤）

在家上班才是我要的！

我还是家里蹲吧……

C. 在公司工作很可怕（中度受伤）

D. 工作本身很可怕（重度受伤）

逐渐地，小杨开始自我封闭，害怕向外拓展社交生活。
这种转变就是源于绝对化思维把伤害加工成了"地雷"。

它是如何做到的呢？

Chapter 14 绝对化思维：人为什么会陷入悲观主义

绝对化思维的第一种抽象方式：永久化

"永久化"就是在时间维度上，让我们觉得某件事会一直发生。比如永远看不到尽头的加班。

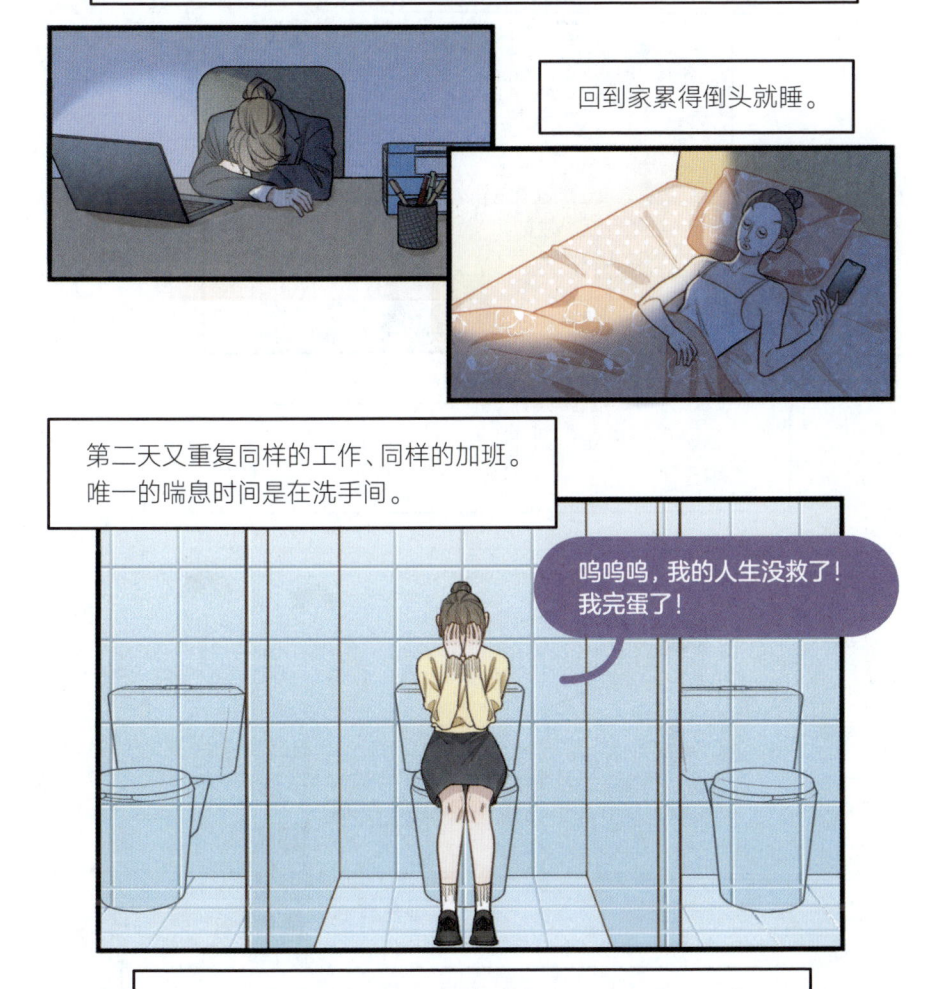

回到家累得倒头就睡。

第二天又重复同样的工作、同样的加班。唯一的喘息时间是在洗手间。

呜呜呜，我的人生没救了！我完蛋了！

"永久化"会让人看不到变化的希望，陷入悲观沮丧。甚至还会扭曲我们对自己的评价和判断。

"永久化"有时也体现在我们对他人的判断上。我曾有一对来访者夫妻，长年吵架——

> 你总是只想着自己，总是不回家。

> 我只是偶尔有应酬，你却总是无理取闹。

"总是"，就是一种时间上永久化的说法。我纠正了他们的语言习惯，用"有时候"代替"总是"。

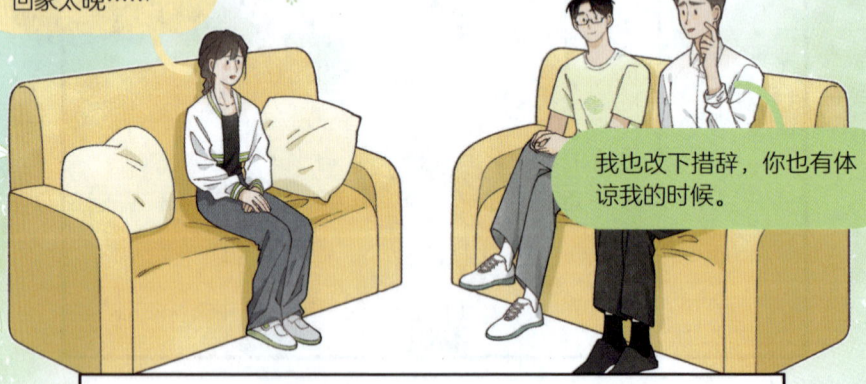

> 好吧，你有时候回家太晚……

> 我也改下措辞，你也有体谅我的时候。

相比"你总是不回家"，"你有时候不回家"的指责意味少了很多，更有利于解决问题。

Chapter 14 绝对化思维：人为什么会陷入悲观主义

绝对化思维的第二种抽象方式：普遍化

所谓"普遍化"，是从一次"个体的问题"推论出"这个问题广泛存在"。比如，失去工作的小杨。

您好，可以看看您的简历吗？

我这里有一份工作……

什么时候方便约下面试呢？

你好……

小杨因为上家公司的遭遇，推论出所有公司都是"黑心企业"，对于再就业止步不前。

这份工作的试用期是6个月，你可以接受吗？

我……

即使拿到了新工作邀约，也认定自己在新公司会遭遇同样的问题。

6个月？为什么要这么久啊！

他们公司只是想找个廉价新人当牛做马吧！

肯定试用期一结束就会以能力不足为由把我开掉！

这就是典型的"普遍化"。这让小杨消极地看待问题，得出错误的、荒谬的结论。

173

绝对化思维的第三种抽象方式：人格化

所谓"人格化"，就是觉得所有不好的事情，都是因为某个特定的人而发生的。一件不好的事发生，其实有很多原因。

> 您好，我们想推荐这款理财产品……

挂掉！

如果我们把事情"绝对化"成都是别人的错，就会陷入愤怒和指责。

> 那些客户懂不懂礼貌！

如果"绝对化"成都是自己的错，就会有很多的内疚和自责，忧郁也常常因此而起。

> 我怎么这么讨人厌，我真没用……

那些客户不是针对你。他们不想被销售电话打扰,是可以理解的。

你说的对,这不是我的错……

要避免绝对化思维的错误加工,我们得先抛开那些奇怪的逻辑,理性审视真相。

不是我的错。

人生在世,注定经历失去、疾病、拒绝、失败,这些痛苦,都是生活的一部分。

再坚持一下吧。
别因为一场雨而停滞不前。

简单整理一下之前所说的内容，可以发现人的防御型心智模型大致分为三种——僵固型思维、应该思维、绝对化思维。

它们的区别在于防御对象的不同。

僵固型思维	应该思维	绝对化思维
内心的完美自我	内心已有的规则	预想中的伤害

防御型心智模式经常混合出现，阻止人们接触现实，令他们走向自我封闭。

孩子会因为大人夸奖，收下并不喜欢的玩具。

少女会因为容貌，认定自己不受异性欢迎。

学生会因为质疑，放弃努力学习。

可错误和挫折只是人生的一部分。
我们要做的，仅仅是吸收经验，然后——

整理心情，重新迈入生活。

Chapter 15

创造性思维：
　　找到持续行动的张力

Chapter 15 创造性思维：找到持续行动的张力

如果说，防御型心智模式让生活变成无源之水，那么成长型心智模式，则像一条让心智进化的河流。

要让这条河流动起来，我们得保证三个条件：

① 河流的落差

河流的落差是目标与现实的差距，它推动人去行动。

② 河道

河道控制河流走向，是行动的方法。

③ 源头活水

水源是活力所在，需要通过人们与现实的接触不断补充循环。

目标保证了行动力，方法保证了行动效率，接触现实则保证思维不会僵化——三者缺一不可。

今天要讲的是创造性思维，它能解决第一个问题，让你找到持续改变的行动力。

今天的来访者悠悠在寻求改变和成长,为此,她制订了满满的计划,却很快陷入了颓废之中。

DAY 01 制订计划,高效完成。

DAY 02 未完成全部任务,略微沮丧。

DAY 03 拖延恶化,一项任务都没完成。

DAY 04 开始怀疑人生。

任务的意义在哪里?

悠悠想让自己不再颓废,可这个目标为什么没能产生持续的动力,反而让她重新回到了颓废中呢?

答案就在于:悠悠缺少创造性思维。

创造性思维,是什么意思呢?

Chapter 15 创造性思维：找到持续行动的张力

> 创造力研究大师罗伯特·弗里茨把能产生行动力的思维结构分为两种："创造的思维结构"和"解决问题的思维结构"。

罗伯特·弗里茨
(Robert Fritz)

毕业于波士顿音乐学院的音乐家，也担任电影编剧与导演等。"创造技能"课程的创办人。因发展结构动力学而知名，发现了结构与行为间的关系。著有《最小阻力之路》。

弗里茨认为：创造的思维结构，有一个明确的成果目标，能产生持续行动的张力。比如画家想画一幅画，有一个确切的想要做出来的成果。

努力很快有成效，焦虑缓解，动力便会增强。

而解决问题的思维结构盲目追求"不再颓废"，缺少关键成果，容易陷入颓废。

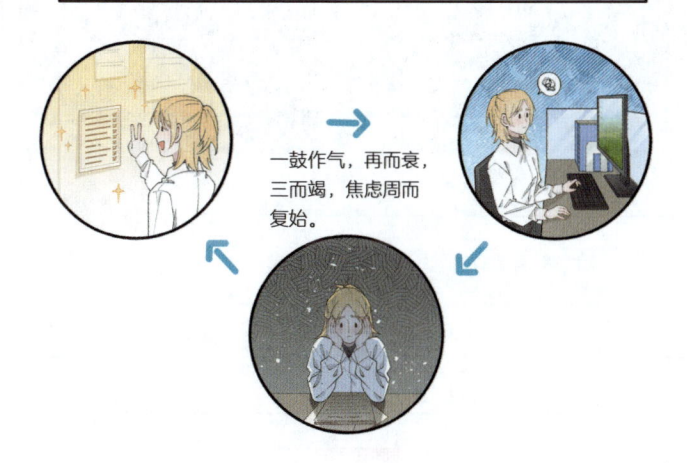

一鼓作气，再而衰，三而竭，焦虑周而复始。

让我们来进一步举例，说明弗里茨的观点。

当努力有所懈怠时，有些人使用解决问题的思维结构：他们夸大问题的严重性，用谴责自己来获得行动的张力。

> 问题已经很严重了，再不改变就完蛋了。

为了保住行动的张力，他们不敢让问题"解决"或是"好转"，他们夸大"问题"和"挫折"，持续鞭笞自己向前。

> 我并没有成功，我得保持行动力，继续努力……

但这使得他们不敢认同自己取得的成功。被过度夸大的"问题"和"挫折"，让这些人努力却看不到希望，陷入悲观。

问题

解决问题的思维结构，显然并不奏效。那么，另一种创造的思维结构呢？

Chapter 15 创造性思维：找到持续行动的张力

为了治好拖延症，我曾专门写过一本小书《拖延症再见》。后来动笔写第二本时，拖延症竟然不治而愈了。

难道我找到了治疗拖延症的秘方？

不是，是因为我有了明确的成果目标：
我开始为我在得到 App 的"自我发展心理学"课程备课了。

自我发展心理学课程

因为有明确的要产出的作品，我的脑子在不停地工作着，这让我的生活变得紧张而有效率。

反之，如果凭空努力，一心只想克服拖延症，我大概没法解决问题。

看，创造性思维制造行动张力的方式，显然比解决问题的思维更有效果。

为什么创造性思维会产生足够的行动张力?
答案既在意料之外,又在情理之中——因为爱。

自我发展心理学课程里,有我关心的、想传达的内容。
我想把它从理念变成现实的冲动,成为持续激发行动的张力。

我越爱它,越希望它问世,张力越大,
越会推动我持续行动,直到最终完成。

爱,才是创造性思维的动力秘诀。

Chapter 15 创造性思维：找到持续行动的张力

不知道你有没有发现，创造性思维，其实把事情分成了简单的两部分：

拖延症……

一部分是我们想要完成的作品，

另一部分是我们面临的现实。

这两者之间，有一种名为"爱"的永恒的张力，激发着我们行动。

因此要想成事，除了一个包含着爱的成果目标，我们还要能够面对现实。

理直气壮爱自己（上）

我的朋友阿磊想从事研究工作，却因为经济原因只能先打工攒钱，他很苦恼。

我明明有目标、有梦想，可现实不允许……怎么办？

别慌，创造性思维并不是要忽略现实，相反，它让我们只把困难看作创造的限制条件。

创造性思维从目标出发，先想目标，再设法弥补和现实间的鸿沟。

解决问题思维从现实出发，放大环境的阻碍，容易让我们找不到目标。

现在想一想：你有没有想要创造的，一个你爱的作品？它与现实之间的鸿沟是什么？要怎么跨越呢？

Chapter 15 创造性思维：找到持续行动的张力

冯仑是我国金融界的顶尖人物。曾有个年轻人问他这么一个问题：

我想创业，可是没有钱怎么办？

冯仑
西安市乡村发展公益慈善基金会创始人
前中国民生银行创业董事
未来论坛创始理事

都是先有梦想……

再去找钱，想办法实现梦想的。有了钱才去创业，那就不叫创业了。

第一桶金

没错，人生是一个创造性的、把理念孵化成现实的过程。解决问题不该成为行动的动力——

我们热爱的、想要实现的东西才是。

Chapter *16*

控制的两分法：把目标变为行动

要让思维这条河持续流动，光有创造性思维的张力可不够。
举个例子，很多人想过要奋发图强。

学渣之恨

完美读书 365 天

你深恨自己的碌碌无为，下定决心改变。

做完计划，你自我感觉好了很多。

可麻烦的是——
做完计划后，大脑直接误以为任务完成，不需要你行动了！

从没拆封的书

从没点开的网课

网课清单

从没去过的健身房

书、课、卡……它们制造出"任务完成"的幻觉，让创造性思维制造的张力没能转化成真正的行动力。

要避免这个问题，我们需要能引发有效行动的思维方式，把张力真正变成行动力。

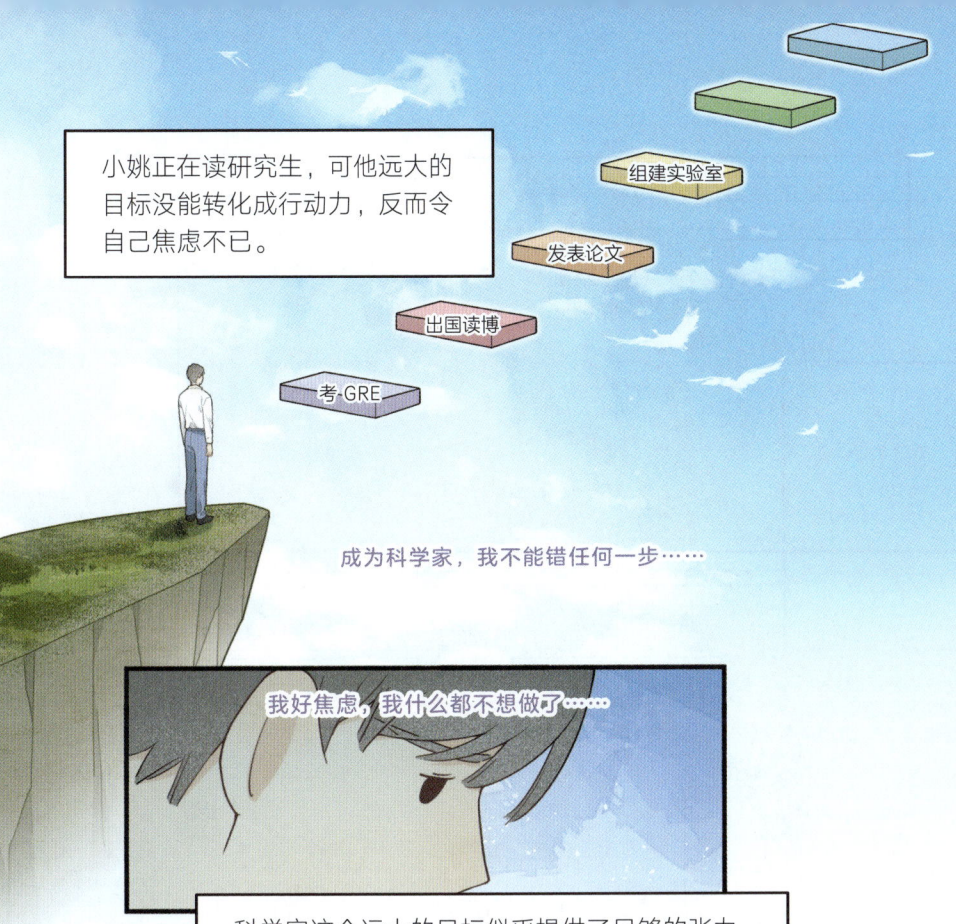

小姚正在读研究生，可他远大的目标没能转化成行动力，反而令自己焦虑不已。

组建实验室

发表论文

出国读博

考 GRE

成为科学家，我不能错任何一步……

我好焦虑，我什么都不想做了……

科学家这个远大的目标似乎提供了足够的张力，可它存在两个致命的问题：

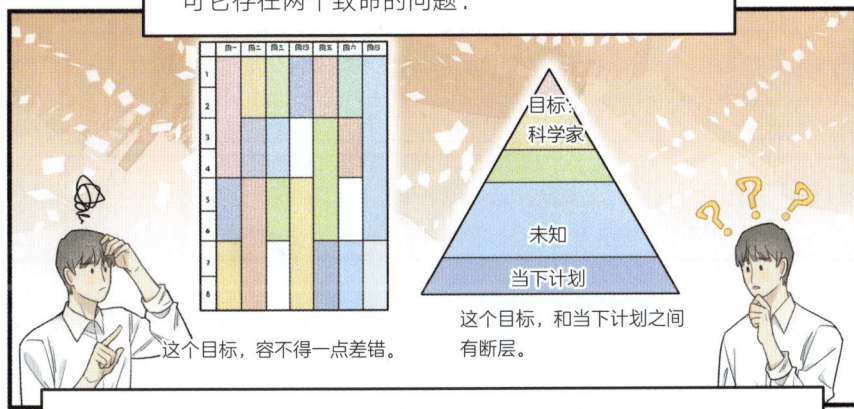

这个目标，容不得一点差错。

目标：科学家

未知

当下计划

这个目标，和当下计划之间有断层。

要解决这两个问题，让目标能有效转化为行动力，我们可以尝试一种新的思维方式："**控制的两分法**"。

"控制的两分法"分为两层意思：

努力控制我们"能控制的事情"，而不要妄图控制我们"无法控制的事情"。

"能控制的事情"指的是凭个人能够改变的事。

按时起床　　　　控制饮食　　　　夜间散步

这些事通常很微小，轻松就能做到，只可惜不能马上见效，需要长期专注精进。

可比起这些"能控制的事情"，人们宁可去想那些"无法控制的事情"。

Chapter 16 控制的两分法：把目标变为行动

"无法控制的事情"指的是凭个人无法改变的事。

家庭出身

他人评价

生老病死

我们得接受现实，承认"无法控制的事情"客观存在，并顺其自然。

否则，陷入"应该思维"，妄图控制"无法控制的事情"，只会陷入焦虑沮丧。

人们妄图控制自己"不能控制的事情"，却不去管自己"能够控制的事情"。

"控制的两分法"第一步：
把担心的事情按"能否控制"分类，并将注意力转移到自己能控制的部分。

理直气壮爱自己（上）

认识到很多事情自己控制不了，是一种心智上的成熟。

婴儿常误以为自己无所不能。
这在精神分析里，叫作"全能自恋"。

随着心智发展，我们会逐渐认识到，世界并不是围绕自己运行的。

"控制的两分法"第一步，让我们集中注意力在"能控制的事情"上，但……等等，这有个例外！

要给同事留下好印象：
①同事的想法属于"不能控制的事情"；
②为大家做一些力所能及的事，属于能控制的事。

对于这类"无法完全控制的事情"，我们可以使用"控制的两分法"
第二步：**找出能控制的部分，做成计划，努力把它做好。**

Chapter 16 控制的两分法：把目标变为行动

今天的来访者博士生阿成正忙于发表期刊论文，好及时毕业。我劝他制订目标和计划，他却对此产生了怀疑。

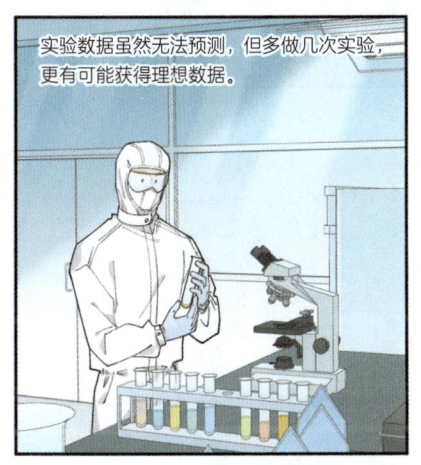

> 发表文章又不是我能决定的！实验数据、导师安排、编辑态度……这些都不可控，做计划有用吗？

不可控的感觉很糟糕，常会让人陷入拖延、沮丧。可其实，每件不可控的事情背后都有可控的成分。

实验数据虽然无法预测，但多做几次实验，更有可能获得理想数据。

导师是否有空虽然无法确定，但多催几次，更有可能获得反馈。

找出事情背后可控的部分，并做出计划，我们就不会陷入焦虑中，因为我们一直有事可做。

可我还是担心，万一真毕不了业……

毕业是阿成的人生大事，他期望"控制的两分法"制订的计划，能保证自己目标的实现。

曾有一位观众和阿成表达了同样的观点：

我制订了很多重要的计划，比如考雅思，去北极旅行，去非洲体会当地风情，可拖延症一直复发。怎么保证计划实现呢？

既然做不到，为什么还制订这么多计划？

这些目标，我一个也不能放弃啊！

"控制的两分法"能缓解焦虑，可少有人做得到。因为他们更在意的问题是：这件事对自己的重要性。

Chapter 16 控制的两分法：把目标变为行动

为什么比起计划的可控性，人们会更在意计划的重要性呢？这是出于人类自然分配注意力的原则。

重要性　可控性

人习惯思考一件事重不重要，而不是思考这件事能不能控制。

可仔细想想，就算一件事很重要，那又怎样呢？

如果因为事情很重要，就想控制它，我们会陷入"应该思维"的误区。

如果因为它很重要就任由担心泛滥，我们会陷入焦虑，等同于放弃了控制权。

任由焦虑破坏行动力，很可能连眼前的小事都做不好。

不如跟着"控制的两分法"走一走，专注能控制的眼前小事，稳步前进。

说起来，防御型心智模式有个通病：它们都因为对自我可控能力的判断不足，导致行动力丧失。

"僵固型思维"引导人们表扬不可控的聪明，而非可控的努力。这导致孩子为了维护聪明形象，逃避挑战。

"应该思维"试图用脑中的规则控制世界、自己和他人，这显然高估了个体的可控能力，必定会因失败而陷入沮丧。

这个世界应该听我的！

"绝对化思维"盲目设置雷区，无限扩大控制范围，让人觉得"做什么都没用"，而放弃本来能够控制的因素。

我是垃圾，我再努力都没用！

冷静，你只看错了最后一道题！

如果你正处于某种防御型心智模式中,完全可以试试"控制的两分法"。

与其在无休止的计划中空耗等待,不如干脆抓住手中的这一秒,站起来吧。

Chapter 17

近的思维：
　　如何走出焦虑

思维之河要流动起来，有三个条件。
而要找到第三个条件——源头活水的方法，就是与现实接触。

现实是一出永不落幕的戏剧，生机蓬勃。
而取得源头活水的关键在于，你是否愿意走近它、感受它。

为了更好地适应现实，把握住"能控制的事情"，我们要使用"近的思维"，走近正在发生的事实。

所谓"近的思维",就是关注真实的、正在发生的、近的事情。

"近的思维"不断接触流动的现实,让现实改变人们的思维方式。

我想做个阅读计划……

打开第一页吧,看了再说。

与它相对应的就是"远的思维",是指关注想象中的、抽象的、远的事情。

"远的思维"只注重头脑中的规则,只能看到自己想看到的,拒绝改变。

运动这么难,我做不到的……

其实,之前提过的三种防御型心智模式都属于"远的思维"。

僵固型思维只看抽象评价　　应该思维执着脑中原则　　绝对化思维盲目将想象放大

Chapter 17 近的思维：如何走出焦虑

"远的思维"并非一无是处。它将大量信息精炼成概念和观点，帮助我们快速地思考决策。

"远的思维"将信息封装放入脑中，存储为近乎刻板的固定认知。

观点

概念

评价

但"远的思维"可能让我们盲目套用旧思维，而忽略当下正在真实发生的细节。这会限制思维的成长，阻碍改变。

"远的思维"像看电视，我们只遵循头脑中"导演"好的既定规则，看不到拍摄现场真实的细节。

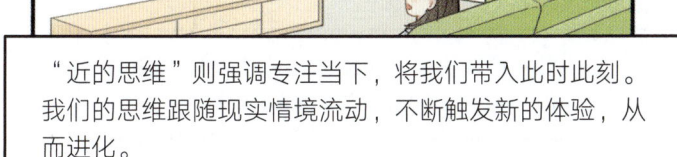

"近的思维"则强调专注当下，将我们带入此时此刻。我们的思维跟随现实情境流动，不断触发新的体验，从而进化。

"正念思维"正是"近的思维"。

让浮躁的心落下来，专注在此时此刻的焦点上，置身事中。这就是"正念"。

那么，如何掌握"近的思维"呢？

203

思维是以语言为载体的,要掌握近的思维方式,我们得从改变语言特征入手。

> 这一切有什么用呢?
> 我怎么总这么糟……
> 我根本做不到!

抽象笼统的语言,过于武断和绝对。

"近的思维"第一条原则,用描述性语言,而不用评价性语言。

> 他在偷看那女孩!
> 他暗恋她!

看,描述性语言不加评价和形容词,只用动词描述正发生的事;评价性语言则已经用观点和想法,完成了信息封装。

> 为什么要避免使用评价性语言,非得改用描述性语言呢?

让我们举些例子,来说明描述性语言的好处吧。

Chapter 17 近的思维：如何走出焦虑

我曾和朋友一起去看过一出舞台剧，叫作《勇者之剑》。看完后，我和朋友们聚在一起聊感受。

鼓打得真好！

演员功底扎实。

有禅意。

第一场中主角戴的青面獠牙的面具。

剧中唯一的三句台词是"蛇"。

那天我从剧中看到了好多个我，不同的我。

为什么你能记得那么清楚？

能发现这么多有趣的细节，是因为我有个习惯：不刻意评价事物，只是认真去"看"正在发生的事。

用描述性语言说出咨询室里发生的事情，也是心理咨询师的基本功。

母亲控制欲很强。

母亲在咨询室指着女儿说，不允许她这样做。

评价性语言先入为主地定论，默认来访者"很难改变"。
描述性语言则留下了探索空间和改变的可能。

"近的思维"第二条原则,问具体的问题,而不是抽象的问题。

老师,我很内向怎么办?

呃,描述得具体一些呢?

就是内向嘛。

他选择了抽象概括的思维方式,向我寻求一个答案。可这种思维方式本身,恰恰正是他的问题所在。

紧张的对象与场合?
和人相识的哪些阶段容易紧张?
近期的交往对象感觉如何……

内向这个词太远太抽象了,我希望引导他用"近的思维"描述生活以及关系。

只有观察现实中的细节,才能发现"能够控制的部分",找到可能的出路。

Chapter 17 近的思维：如何走出焦虑

"近的思维"第三条原则，关注现在能做的，而不是关注事情的结果。

我们常用"远的思维"先预判结果，再决定做不做一件事。

就算我报名了，又有什么用呢……

今天的来访者小焦正处于"习得性无助"的状态中，她焦虑于未来，觉得自己做什么都没用。

试试看，每次焦虑就问自己：我现在能做什么？我愿意做吗？

在头脑中预想出行动的结果，反而让小焦失去了动力。在我不断用"近的思维"提问下，她终于愿意聊一聊此时此刻。

可这有什么用呢？

没关系，不愿意，就停在这里。

散步、聊天、吃美食……这些我都能做，但我不愿意。

也许你会有点奇怪，我为什么切断了对话，没问小焦"不愿意的原因"？

"不愿意的原因"属于"远的思维",只会加深小焦的不情愿,而我想暗示她:你能控制自己的行为,也需要对自己的行为负责。

……其实我想试试。可我怕自己又空有决心不行动。

那么,为了增强行动力,你现在能做什么呢?

我……

小焦决定用我的两个提问,制造一个精神锚点:这两个提问将在焦虑发生时,把小焦拉回此时此地、让她行动起来。

我现在能做什么?
我愿意做吗?

有时候,我们需要先相信、先投入,才可能看见期望的结果。

你的语言,又暗示着什么样的思维方式呢?

马歇尔·卢森堡 (Marshall Rosenberg) 在《非暴力沟通》中，引用了语义学家温德尔·约翰逊 (Wendell Johnson) 的一段话。

"我们的语言年代久远，但先天不足，是一种有缺陷的工具。它让我们谈论稳定性和持久性，谈论相似之处、常态和种类，谈论神奇的转变、迅速的痊愈、简单的问题以及终极的解决办法。

"然而，我们的世界包含着无穷无尽的过程、变化、差别、层面、功能、关系、问题以及复杂性。"

——《非暴力沟通》节选

如卢森堡所说：静态的语言与动态的世界并不匹配，是我们面临的挑战之一。

使用"近的思维"，发展一种能够容纳变化的语言，让思维向着无穷尽的复杂性不断延伸。

只有走进其中，你才会发现生活的魅力，正在于它的无穷可能性。

Chapter 18

思维弹性:
思维是怎样进化的

在前面几章,我介绍了建立成长型思维的工具:
创造性思维、控制的两分法和近的思维。

控制的两分法:源头活水

创造性思维:落差产生的张力

近的思维:河道

三者共同作用,令思维之河流动起来。

在本章,我想讨论:
思维究竟是怎么进化的?

为了更好地引入主题,我来回忆一下导师的教诲吧。

在心理咨询里,倾听是绝对重要的事情。

不就是不抢话、别说个不停、保持耐心嘛……

那时我对倾听的理解很浅,后来我才慢慢察觉其中深意:
心理咨询是关于对话的艺术。

Chapter 18 思维弹性：思维是怎样进化的

举个例子，有一天我在餐厅吃饭时，听到——

这几天没睡好。

是天气太热了。

女儿能不能适应托儿所呀？

过段时间就好了。

丈夫只是把妻子的焦虑纳入原有认知框架中，急着提供一些解释。他没意识到：他没有真正倾听妻子的话。

我觉得生活出了问题……

明明很正常，她又多想了。

丈夫并非不愿意倾听，他只是不明白：
倾听的要诀，就是承认很多事其实自己并不知道。

好的倾听者心里有很多问题，他知道答案在对方的心里。

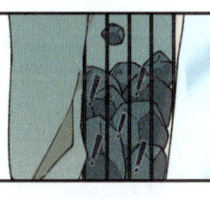

不好的倾听者心里有很多答案，他只能听到自己以为的真相。

倾听的要诀其实和思维进化有异曲同工的地方。

佛教禅宗是这样形容思维的不同境界的：
第一重：看山是山，看水是水；
第二重：看山不是山，看水不是水；
第三重：看山还是山，看水还是水。

思维是一个从简单到复杂、再回归简单的过程。
我们对事物的理解螺旋式地深入，最后简单归纳出某件事的本质。

如果认识世界和自我的方式也能螺旋式深入发展，思维便会具有弹性。

掌握这种可发展的弹性思维的秘诀，和倾听很像：
别太快确定自己知道的东西是什么，留出空间给到其他可能性。

Chapter 18 思维弹性：思维是怎样进化的

现在，我想问一个有些奇怪的问题：
这本书到现在为止，展示的所有内容都正确吗？

我不这样认为，从实践角度来说，已有的知识总是不够完善。
对脑中知识保持怀疑，不断自主探索，才能真正理解知识对的地方在哪里。

【禅宗三重境界新解】

第一重：把知识当作绝对真理学习。

第二重：批判、排斥有错的知识。

第三重：重新探索知识的局限和应用范围。

用我的亲身经历，来辅助说明这三重境界吧！

第一重：我对"敏感内向"这个标签毫不怀疑。

我青春期时，一直为自己的敏感内向而苦恼。

学习心理学后，我开始寻找例外，我发现自己和熟悉的朋友相处时，十分放松享受。

第二重：我开始有意识地不用"敏感内向"来形容自己。

第三重：我认同了"敏感内向"，开始善用这个标签。

直到有一天，我在不断回避标签的过程中感到疲惫。
这时我发现："敏感内向"竟然令读者倍感亲近。

看，我们能了解的永远只是局部的知识。
认识到这一点，反而为进一步探索留下了空间——思维发展的空间。

Chapter 18 思维弹性：思维是怎样进化的

我们关于世界、自己和他人的所有看法，其实也是知识的一种。

这个世界糟透了！

显得聪明点儿，才讨人喜欢。

我敏感内向……

那么问题来了——
是把这些看法当成局部的知识，还是当作绝对的真理？

很多所谓的科普，其实是往受众脑子里灌输自己的"应该思维"。

任何一种看法都只是局部的知识，包括本书。
不要被它们限制住，永远保持对未知的探索。

永远比照现实思考：
我现在面对什么样的情况？
除了已有的判断，是否存在其他可能性？

心理学家皮亚杰提出，思维对环境有两种顺应方式——同化和顺应。下面这个例子也许能帮你快速理解。

让·皮亚杰
（Jean Piaget）

儿童心理学家，他的认知发展理论成为这个学科的典范。

大学时，读过哲学的我在学习心理咨询流派时，常常不自觉地"对号入座"，把新知识同化成已有的知识。

家庭治疗真有意思！

它的背后，不过是一些建构主义的哲学思想。

你只是找材料强化原有的知识，没有学习新知识。

从那以后，每次学习新东西，我都会努力放下原有知识。我学会了另一种适应方式——顺应。

Chapter 18 思维弹性：思维是怎样进化的

同化是改变事物，来符合我们头脑的认知结构。它会令人误以为自己知晓事情的全部。

顺应则完全相反，是改变自己的认知模式，来适应新事物。它能让有弹性的思维不断迎接各种不确定性。

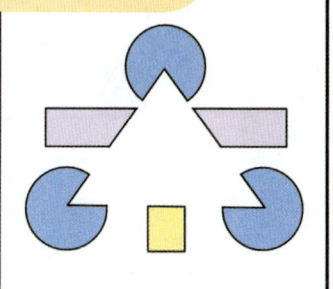

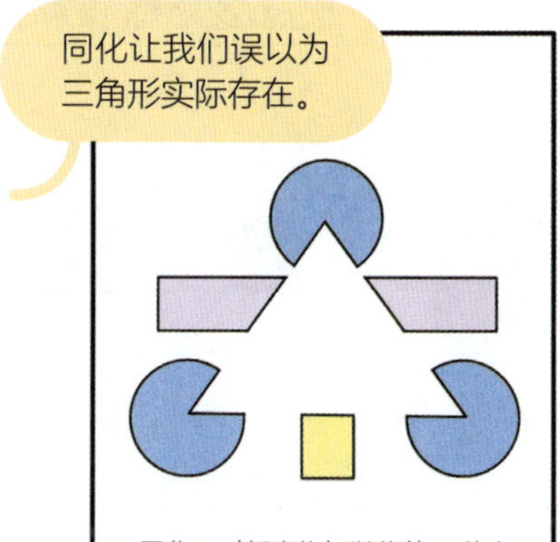

同化让我们误以为三角形实际存在。

同化：对新事物加以裁剪，使之符合脑中原有认知模式。

这幅画里并不存在三角形！

顺应：更新认知，痛苦地接受原本的认知谬误。

顺应的过程很痛苦，可只有学会它，思维才会发展得快，我们才会不断解锁新东西。

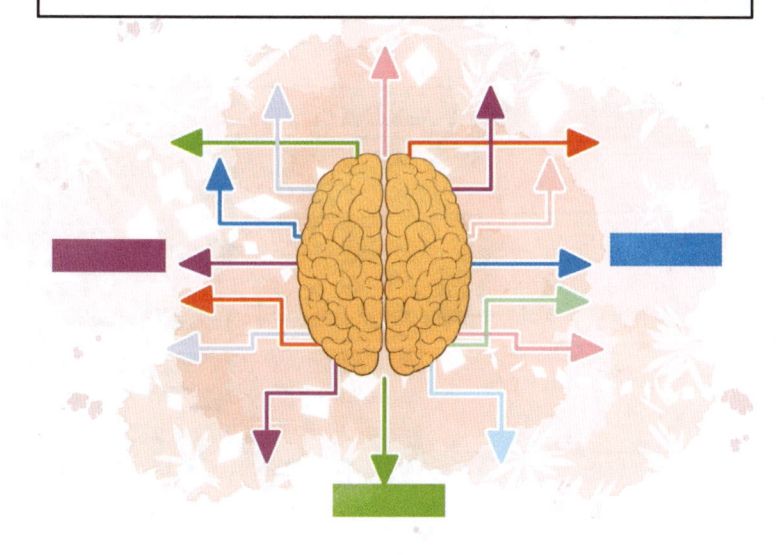

| 理直气壮爱自己（上）

现在，你的面前有两种选择。

一种是固守原有的东西，重复用脑海中已有的答案去面对一切，这样很安全，却也有些无聊。

另一种是承认自己所知的是局部知识，对自己的无知保持敏感，不断提出问题，让问题带着你去探索新的东西。

你固然会因为原有知识的错误而经历很多痛苦，但你终将——

一直进化，你会变得有趣，深刻而复杂。

Chapter 19

关系中的自我：
从个体视角到关系视角

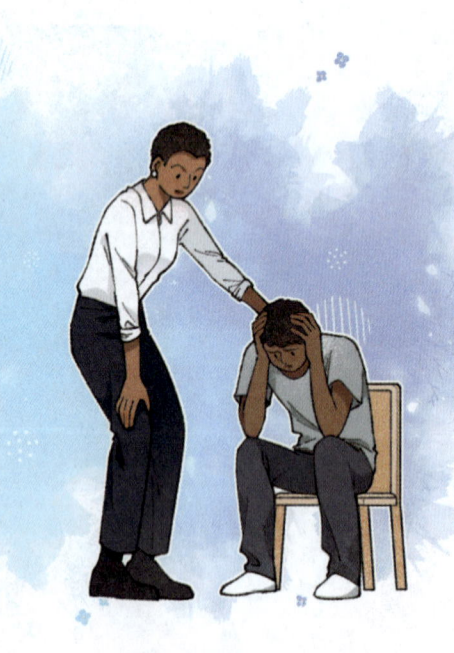

Chapter 19 关系中的自我：从个体视角到关系视角

我们生活在各种关系之中。关系塑造着自我，影响着自我的所思、所想、所感、所行。

没有人是一座孤岛，可以自全。每个人都是大陆的一片，整体的一部分。

——约翰·多恩（John Donne）

等等！既然自我是关系的产物，那么——

自我发展的核心问题，就从"如何塑造新经验"演化成了"如何塑造有利于自我发展的新关系"！

一开始通过推动行为的改变，促进自我发展；
然后通过心智模型推动思维进化、自我发展。

情感大象的驱动　　　　思维之河的驱动

现在，我将试图从关系的视角，和你继续探讨"自我发展之道"。

为什么要从关系的视角来看待自我、发展自我呢？
我将用"四个递进的层次"解释这一点。

家庭关系　　工作关系　　社会关系

第一个层次：人无时无刻不处在关系之中。

关系不仅仅指家庭、工作等各种社会关系，
独处的空间也是由关系界定的。

光着膀子，穿着简单在家里走来走去是自由的，但这样出门就不好了。

再往深一层想，即使是独处的个人，也仍然处于既定的关系之中。

Chapter 19 关系中的自我：从个体视角到关系视角

第二个层次：在不同的关系中，自我是不同的。

对陌生人脸红害羞，对好友大方快乐，这两个状态并不冲突。

传奇教师马尔瓦·科林斯（Marva Collins）的故事，也许能帮你进一步理解"不同关系中的不同自我"。

科林斯在犯罪横行的贫民区附近办学。她让很多街头混混考入大学，成为社会栋梁。

科林斯不相信批评教育，反之，她真诚地相信，那些孩子是聪明的、独一无二的。

我相信你，你可以做得更好。

这种教育的本质，其实就是塑造了一种信赖的新关系。关系的改变让学生们变得自信积极了。

| 理直气壮爱自己(上)

第三个层次：决定我们行为的不是个性，而是我们所处的关系。

又没做作业！
太不听话了！

老师辛苦，我家孩子让您费心了……

从暴躁易怒到热情有礼，这位妈妈的个性并没有变，是她所处的关系让她的行为变了。

妈妈跟孩子更亲近，暴躁才是真实的，礼貌只是装的！

反驳

可"亲近"和"疏远"，恰恰正是两种不同的关系。

是"亲近"和"疏远"两组关系让妈妈呈现出不同的行为和情绪表现。

比起一时的反应，长期表现更能代表自我个性吧。

长期表现正是指在长期关系中的表现。

反驳

人格和个性，从关系的视角来看，是人在某一段特性关系中的行为、语言和情绪表达方式。

Chapter 19 关系中的自我：从个体视角到关系视角

> 第四个层次：关系的视角能改变我们思考问题的维度，让表面无解的问题，拥有一个合理的答案。

"编辑工作太难了，拖延症复发……"

注意到了吗？这名来访者从个体视角出发，把"拖延症"看作是个人的"病症"。

"如果做得不好，谁会评价你呢？"

"原作者呗。这个作者是有口皆碑的业界大佬，万一我修改建议提得不好……"

从关系的视角去思考这件事时，我们会发现：拖延症实际上是这名编辑和作者关系的产物。

与我们愿意沟通的人合作时，我们的工作效率会更高。

总的来说，关系时刻存在、影响甚至决定我们的行为，从关系的视角去思考，我们能打开解决问题的新思路。

理直气壮爱自己（上）

我们来对比两个角度，谈谈"从关系的视角看待自我"的好处吧。

从个体的角度看自我，容易把当前的个性固定成"自我标签"。这种顽固的念头会阻碍我们的改变。

你怎么这么多问题啊！

内向
自卑
小聪明

从关系的角度看待问题，我们默认"自我能够随关系发生变化"。这为改变留出了可能空间。

也许是我们之间的关系，影响了你……

我们调整这段关系吧，我一定能变得更好的！

看，她们开始审视：是什么样的关系导致了现在的行为。现在，你要不要也试试"从关系的角度思考"呢？

Chapter 19　关系中的自我：从个体视角到关系视角

我们的每一种关系里，都有一个自我。
这些自我的共性抽象出来，化成了我们脑中固有的"自我模型"。

脑中根深蒂固的"自我模型"，是抽象思维的产物，是"远的思维"。

这种"从个体角度看待自我"的思考方式虽然能增强"控制感"，却会让自我变得固定，很难改变。

从关系看自我是"近的思维"，它更关注当下流动的现实关系。

当选择"从关系看待自我"时，我们会把每个自我放到具体的关系和情境中。

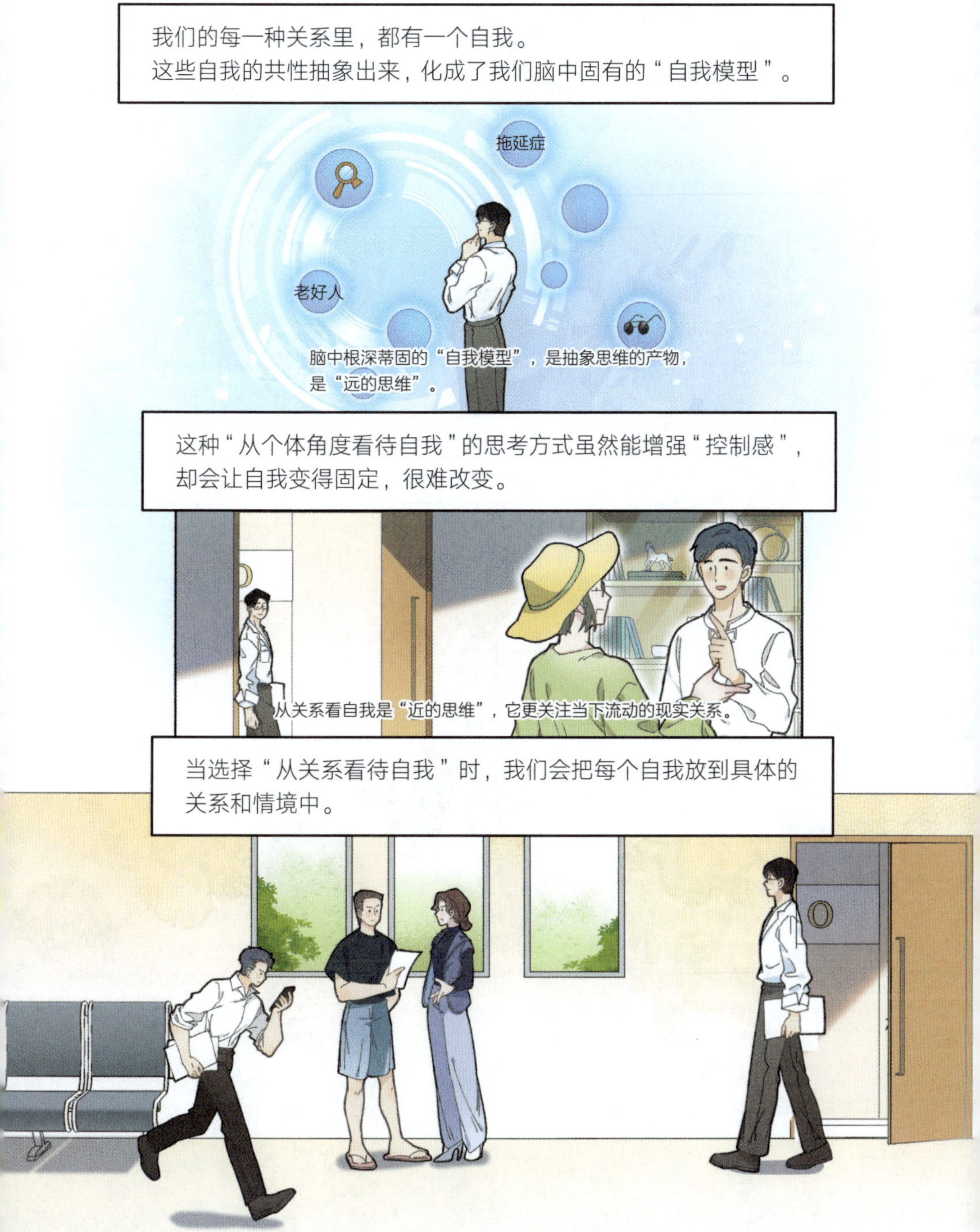

你在不同关系中的自我是不一样的,那你就可以从不同的关系中发现不一样的自己。

Chapter 20

关系中的角色：
　　解锁更多自我可能

| 理直气壮爱自己（上）

要从关系的角度来看待自我，就不得不提到一个非常重要的概念：角色。

今天我们说的这个"角色"，可不是剧中人物或是社会身份，而是一种"行为期待"。

当我们倾诉时，我们期待一名"安慰者"。

引导者　　开心果　　提议者

我们随时都在迎合一些行为的期待，去扮演某个角色。不信？看看下面这个案例。

Chapter 20 关系中的角色：解锁更多自我可能

前段时间，学弟阿健跑来问我职业规划的事。
他拿到 offer 的那家公司发展得不错，只可惜主营业务令人不安。

> 主营身心灵运动，感觉神神叨叨的……

> 这本质上是兜售精神桃花源，让人逃离现实苦难。
> 想发展专业能力的话，还是算了吧！

巧的是，过了段时间，有个记者同样问了我关于身心灵的问题。

> 一些身心灵类培训班为了敛财，令很多人受骗上当。您怎么看？

> 嗯……我不知道。

同样的问题，我的说法却变了。
这是因为两段关系中，我的角色和位置不同。

学弟期待我扮演心理咨询从业者的角色，我响应了期待。

记者期待我扮演科学心理学代言人的角色。我却不想当卫道士。

每段对话的背后都暗含着发起者对他人的"角色期待"，可这种"角色期待"有时会导致一些问题。

今天的来访者木木，希望变得勇于表达主见。
她的这种自我觉知，是源于公司某个热心前辈的启发。

是啊，您说得对！

别怪我多嘴哈，你很聪明，应该多表现表现自己。

于是木木跑来找我，想学会怎么表现自己。
她认为自己很失败，我却觉得她挺成功的。

你成功地扮演了一个需要指导的职场新人角色，得到了前辈的青睐。

哪里成功？

"角色期待"提供了行为线索，让人不自觉迎合。

前辈虽然语言上希望木木成长，却在暗地里期待她扮演"需要指导的新人"角色。

木木不自觉地接受了这种"角色期待"，甚至享受起前辈的照顾。可"入戏太深"让她难以改变。

Chapter 20 关系中的角色：解锁更多自我可能

这种语言要求和角色期待的矛盾，在日常生活中经常会发生。

> 老师，怎么能让这孩子积极主动点呢？

> 什么事都有我妈搞定！好耶！

母亲没有意识到，这是对孩子"缺乏主动性"的角色期待。而孩子很可能已经无意识地响应了这种期待。

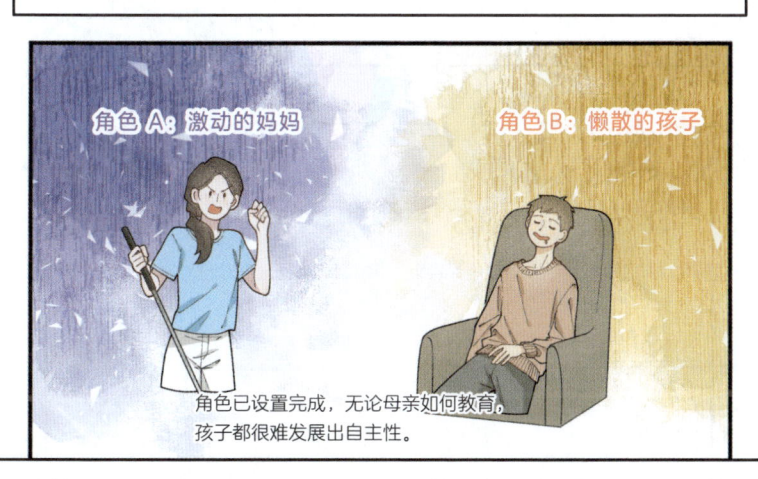

角色 A：激动的妈妈

角色 B：懒散的孩子

角色已设置完成，无论母亲如何教育，孩子都很难发展出自主性。

这并不是孩子有问题，而是二人所在的角色和位置限制了改变的可能性。

235

| 理直气壮爱自己（上）

要调整自己的"角色"，避开"角色期待"的负面影响，我们有三种方法可以选择。

方法一：回应对方前想清楚，我们自己被放到了什么样的位置和角色上？是否应该接受它？

老师，遇到你我总算有救了！

看，这名来访者期待我成为一名拯救者，可我若是承担了这个角色，也许反而会催化她的"无能"。

我可当不了拯救者。但我愿意和你一起看看，是不是能帮到你。

我拒绝了拯救者的角色，同时赋予她自救者的"角色期待"。解决问题的责任便落到了当事人自己头上，催化她的行动。

Chapter 20 关系中的角色：解锁更多自我可能

方法二：在和他人相处中感到不舒服时，我们要及时反思：是不是自己的位置或者角色有问题。

你觉得我该留北京，还是回老家？

面试没几个，还不如直接回老家，之前的机会多好。

2 个月后

留北京吧，刚好住我家！机会多，方便互相照应……

你该再努力些，多跟师兄师姐打听打听。

显然，提议的室友搞错了自己的角色，从"指导者"变成了"批评者"。

你找工作，不是我的责任。

对，我该自己加油的。

我是对的，问题是你没执行到位。

你说我没尽力？！

指导者：仅在他人需要时，给出建议。

批评者：把别人的事，当自己的来应对。

他们两人都没看到背后的角色错位，因此两人的矛盾越来越深。

方法三：当我们对一个人怀有期待时，要真诚地对待他。

混混的逆袭

科林斯真诚的信任，赋予了孩子们"潜力无限"的角色期待，让街头混混逆袭成为学霸。

"角色期待"的力量是十分强大的，就连动画《大坏狐狸的故事》都这么说。

狐狸被小鸡的一声声"妈妈"打动，竟真的放弃了吃鸡，承担起了保护者的角色。

找出一段你很在乎的关系，试着思考：在这段关系中，你们双方都有哪些"角色期待"？如果希望寻求改变，你们的角色应该有什么变化呢？

Chapter 20 关系中的角色：解锁更多自我可能

我们常说：人有很多面，要发现未知的自己。

从关系的角度来看，这句话可以被理解成：
我们能在关系中扮演的角色越多，自我的可能性就越多。

如果总把自己固定在某个角色中，把角色规定的言行举止当作自己的个性，就容易错失改变可能。

角色既可以是限制，也可以是改变的方法。
勇敢踏上探索的旅程，挑战更多不同的角色吧！

让自我如绚烂的春色般,展现出无限的可能性和色彩。

Chapter 21

关系的语言：
　　人际关系的密码

上一章我们提到过，角色的本质是人与人之间的行为期待。
所有关系的沟通背后都隐藏着角色分配。

决定言行举止的不只是个性，更是我们在关系中的角色。

可我们要怎么通过隐性的角色分配，确认下面这些问题的答案呢？

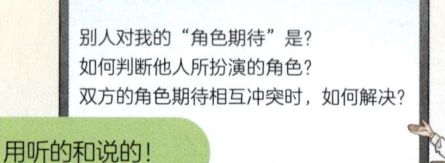

别人对我的"角色期待"是？
如何判断他人所扮演的角色？
双方的角色期待相互冲突时，如何解决？

用听的和说的！

用听的和说的！

理想状况下，我们的确可能通过语言理解"角色期待"。
可实际上，人们很少在日常沟通中直接聊到关系。

如果你学会了倾听，你的目光将穿透
人们谈论的表面事件，然后发现——

原来人们说的每句话，都是在说关系。
这就是关系的语言。

你为什么直接把钱借出去了！
这朋友一向靠谱，而且钱已经还我了。你气什么？
你没告诉我！
这不是正在说嘛！
今天的来访者小杰跟我诉苦，他借了一笔钱给朋友用于周转资金，却引来了妻子的不满。
早知道就不告诉她了……太小气了！
她气的不是你借钱。
小杰不明白：妻子是在生他们关系的气。
借钱之前跟不跟妻子商量，这在关系中的含义是不一样的。
借钱之前跟妻子商量，意味着家里的重要决定需要妻子同意。
其实，人与人之间的互动，都有两个层面。

| 理直气壮爱自己（上）

举个例子，有次我路过少年宫，听到一对夫妻在为孩子的补习班选择争论不休。

别的孩子都报，我们家当然也要！

他还小，何必那么累……

学习抓太紧，万一学废了怎么办！

他有天赋！当然应该报！

从内容上来看，他们在申辩各自的教育理念。
可从关系上来看，他们其实在抢夺管理孩子的决策权。

孩子的事应该听我的！

我更懂孩子……

只要关系的问题没解决，这场关于孩子的争论就会一直持续下去。

只顾着回复表面信息，看不到背后真正牵动情绪的关系信息，就容易造成更大的问题。

孩子总黏着老婆，真怕被她教坏了……

为什么你觉得自己比伴侣更懂孩子呢？

老公成天加班，他知道什么呀！

比起表面讨论的内容，更重要的是内容背后暗流涌动的关系。

Chapter 21　关系的语言：人际关系的密码

误区 1：懂了关系，一切搞定？

千万别以为，知道了关系的存在，就能搞定一切……

> 我想学心理咨询，用它来解决家庭问题，合适吗？

> 想法很好，但需要注意和家人关系的变化……

懂点心理学，容易让人有种自己更懂行的特权感。
这会让当事人从平等的参与者转变成高高在上的旁观者。

> 对你的家人来说，也许他们未必接受这种关系变化。

人与人的相处有边界，知识也一样。
对于关系的语言保持敏感，其实是在说：对人不对事。

误区 2：事比人重要，对事不对人？

我们常说"对事不对人"。
可关系的语言正相反，是"对人不对事"。

关系好，什么都可以谈。

关系不好，无论谈什么，背后都是在谈双方的关系。

真要说起来，"对事不对人"的前提恰恰是，要达成平等和相互配合的关系共识。

大家有什么真心话，放心说出来！

又开始表演了。

看，无论生活还是工作，关系的沟通都至关重要。

Chapter 21 关系的语言：人际关系的密码

误区 3：沉默和回避不涉及关系

事实上，关系的沟通比内容的沟通更加广泛、普遍。不知道你有没有看过这样的情景：

好了好了，我错了。（我不想跟你说了。）

你说说，你错在哪？（不要敷衍我。）

从关系的语言来看，这名女友的咄咄逼人是有一定道理的。

那选择沉默或是岔开话题，把问题带过去，行不行呢？恐怕不行。

你不可理喻，我不想跟你说话。

沉默表面上什么也没说，可从关系的沟通上看，沉默可以代表很多含义。

别纠结了，聊点别的……

你的话不重要，我不想听。

那么，到底怎么从关系的角度来做好沟通呢？这就要结合"角色期待"来探讨了。

从关系的语言来看"角色期待",你会发现:

无论人们表面上争论什么,他们都希望能就"角色期待"达成共识。

要解决沟通双方在"角色期待"上的矛盾,我有三点建议。

第一,只有直面关系、讨论关系,才有机会解决关系问题。

【潜台词暗示】　　【沉默以对】　　【转移话题回避】

可实际上,所有反应都会暗示关系的现状。
回避矛盾的举动反而会进一步加深误会和冲突。

Chapter 21 关系的语言：人际关系的密码

第二，了解关系的语言后，我们要试着从关系的角度理解、回应他人的话。

怎么总把家里钱借给别人！

我其实第一时间就想告诉你，但怕你不同意……我会失信……

如果丈夫准确理解到：妻子顾虑的是关系，他便能从关系的角度给出妻子想要的回应。

第三，在讨论事情前，别忘了先想想：怎么才能在"角色期待"上达成共识。

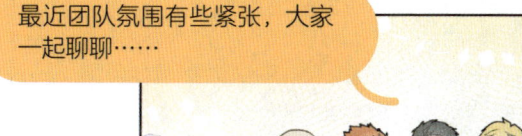

最近团队氛围有些紧张，大家一起聊聊……

像这样，组织关系中的人一起展开讨论。即使最后没能达成共识，也依然能解除成员们胡乱猜疑的痛苦。

现在，我想冒昧地请你思考一下：
你和身边的人有尚未解决的问题吗？

也许，是时候拨通"人际关系的号码"，

约对方好好聊一聊了。

Chapter 22

关系的互补：
系统如何塑造你我

有个心理咨询师结婚几十年才发现：
自己的太太居然是个 E 人（外向者）。

我从不知道你这么健谈！

平时我都在给你打下手，哪有机会表现。

每个人扮演好各自的角色，才能让家庭顺利运转下去。
正如家庭一般，个人常常隶属于某个系统的一部分。

家庭、公司和社会，都是系统的一种。

系统为了运作，会逐渐给参与者分配不同的角色。
这就是关系的互补。

Chapter 22　关系的互补：系统如何塑造你我

今天的来访者玲红对丈夫和儿子十分不满，她加班回到家已经很晚，却还得收拾家务。

能怎么办呢！乱了总得有人收拾啊。

一起来玩嘛，收拾什么？

他们成天不收拾，我不得不做家务！太累了！

也许，正是知道你会收拾，他们才选择忍受一时的脏乱。

事实上，玲红已经在家庭这个系统里扮演了收拾家务的角色。这是三人无形中"共谋"的结果。

凭什么？

但玲红没有真正认可家庭系统分配给自己的角色，这可能引发更进一步的问题。

玲红独自承担家务的怨气，以抱怨和控制欲的方式表现出来。这很可能引发儿子的逆反心、丈夫的疏远。

这种情况下，父子俩更不会想帮玲红做点什么了。他们的做法反过来让玲红在家务一事上更加消极。

我为家里付出这么多，你们还不体谅我！

从个体的角度出发，玲红是个爱抱怨的妻子；可从系统的角度来看，她的劳累和抱怨都是系统运转的结果。

家庭系统分配给玲红劳碌的角色，角色限制了她的行为。

系统运转的需要，让身处关系中的人们难以挣脱"角色"，这就是"系统中关系互补性"的症结所在。

Chapter 22 关系的互补：系统如何塑造你我

为了更好地解释系统中关系的互补性，是时候搬运一下我从老师那里学到的知识了。

在关系中，人们的角色就像一块块拼图：彼此配合，共同构成系统这个整体。

这种互补性很像东方哲学中的阴阳，看起来彼此对立，却又矛盾统一。

正如拼图、阴阳一般，系统中所谓的角色好坏，都是相互造就的。

"天下皆知美之为美，斯恶已；
皆知善之为善，斯不善已。"

——老子

而我们能做的，就是识别"不健康的互补关系"，想办法改善它。

| 理直气壮爱自己（上）

我从生活里观察到，"不健康的互补关系"主要有三种。

第一种，系统里同时存在特别能干和极端懒惰的两类人。

上班地点太偏了！

我好不容易托关系给他找了份工作，可他居然两天就不做了。

这家人约定俗成的模式是：母亲总操心儿子的事，久而久之，儿子就不操心自己的事了。

没出息！

在我的建议下，母亲改变了对待儿子的方式——她开始克制自己帮儿子做事的冲动。

今后，工作的事你自己操心；你不求助，那我就不干涉。

母亲把主动权还给了儿子，解除了"不健康的互补关系"。过了段时间，儿子自己出门找工作了。问题解决了。

Chapter 22 关系的互补：系统如何塑造你我

第二种，某个系统的参与者被设置成"有问题的人"，以维持系统的平衡。

我朋友田田曾在一家高压的事业单位里工作。她以为把事做好就行，却不知不觉被单位里的人针对起来。

新人嘛，做事难免……

打印个文件要那么久？

能力是还行，但不懂氛围。

我有这么差吗？

离职后，田田听说新招的员工同样很快就离职了，理由和她一模一样。但为什么会这样？

替罪羊

真相：员工们不敢反抗领导，只能把高压焦虑投射到新员工身上。

替罪羊候补名单

系统会持续设置新的"有问题的人"来完成互补。

当"有问题的人"最终指向领导，形成员工和领导的对抗时，系统将会重新分配角色，以达到新的平衡。

不仅系统会自动设置"有问题的人",有时,参与者为了维持系统运转,会主动成为"有问题的人"。

马上要高考了,孩子怎么突然抑郁了呢!

孩子好端端的,突然不想去上学了。
表面看来,是孩子自己抗压能力差,可实际未必如此。

我爸妈分居了……只有我病了,才能看到他俩在一起。

当家庭这个运转系统失灵时,孩子对家庭的忠诚会让他们用自己的"病"来维持系统运转。

这也是一种互补,无奈的互补。

Chapter 22　关系的互补：系统如何塑造你我

第三种，系统中的某些人错误地替他人承担起角色，导致所有人"角色错乱"。

> 让你带孩子，你怎么带出了多动症呢！

> 是我没做好……

> 你怎么哭了……

> 妈妈不哭，妈妈不哭。

这样一个简单的场景，却深刻揭示了这个家庭"不健康的互补关系"。

爸爸：指责者　　妈妈：受害者　　孩子：安慰者

这些"不健康的互补关系"，把人们固定在错误的位置上，让系统的参与者们动弹不得、难以改变。

那么，该怎么改变"不健康的互补关系"呢？

> 只要治好孩子的病……

人们容易从出问题的个体身上去思考改变之道。

可系统的改变从来不是一个人的事，而是系统里每个参与者的事。

> 你尽力了，你也不想这样……

> 太好了，不用担心妈妈了。

减轻妈妈的焦虑，避免妈妈将情绪传给儿子，才能缓解多动症。

从关系的角度出发，让每个参与者回到更合理的位置上，我们就能重塑"健康的互补关系"系统。

互补关系最大的隐患是，通过固定角色来抹杀人更多的可能性。

这会让关系中的每个人丧失改变和成长的可能。

从系统的角度来看，改变不是仅仅改变某一个行为，而是从改变这个行为入手，重塑一个系统。

当你有所改变时，系统也许会暂时陷入混乱。这会制造很多阻力。

但是，这个系统最终将会达到一个新的平衡——

一种有更多可能性的平衡，

一种更利于系统中每个人自我发展的平衡。